广西自然保护区生物多样性

姑婆山野生植物

（上）

主　编　黄俞淞　林寿珣　吴正南　刘　演

广西科学技术出版社
·南宁·

图书在版编目（CIP）数据

姑婆山野生植物．上 / 黄俞淞等主编．—南宁：广西科学技术出版社，2023.7
ISBN 978-7-5551-2008-7

Ⅰ．①姑… Ⅱ．①黄… Ⅲ．①自然保护区—生物多样性—生物资源保护—研究—广西 Ⅳ．S759.992.67 ② Q16

中国国家版本馆 CIP 数据核字（2023）第 124275 号

姑婆山野生植物（上）

黄俞淞　林寿珣　吴正南　刘　演　主编

策　　划：黎志海
责任编辑：韦秋梅　　　　封面设计：梁　良
责任印制：韦文印　　　　责任校对：夏晓雯

出 版 人：梁　志
出版发行：广西科学技术出版社　　　　地　　址：广西南宁市东葛路 66 号
邮政编码：530023　　　　网　　址：http://www.gxkjs.com

经　　销：全国各地新华书店
印　　刷：广西民族印刷包装集团有限公司

开　　本：890 mm × 1240 mm　1/16
字　　数：737 千字　　　　印　　张：28.25
版　　次：2023 年 7 月第 1 版　　　　印　　次：2023 年 7 月第 1 次印刷
书　　号：ISBN 978-7-5551-2008-7
定　　价：268.00 元

《姑婆山野生植物》（上）
编委会

主　编： 黄俞淞　林寿珣　吴正南　刘　演

副主编： 陈文华　麦海森　覃　营　蒙　涛

编　委（按姓氏拼音排序）：

陈海玲　陈毅超　陈勇明　胡辛志　黄锡贤
蒋裕良　蒋　芸　李健玲　梁陈民　梁洁洁
梁　媛　梁　综　林春蕊　刘承灵　刘佑灵
刘振学　陆昭岑　罗卫强　马虎生　蒙　琦
牟光福　农素芸　谈银萍　陶源桂　许为斌
赵　晨　邹春玉

编著单位： 广西壮族自治区中国科学院广西植物研究所
广西贺州市姑婆山林场
广西姑婆山自治区级自然保护区管理局

南国仙山
姑婆山
州市姑婆山旅游区

前　言

生物多样性是人类生存和发展的基础，也是生态安全和粮食安全的重要保障。党的十八大以来，习近平总书记围绕生态文明建设作出一系列重要论述，我国将生物多样性保护上升为国家战略。2021年10月，中共中央办公厅、国务院办公厅印发了《关于进一步加强生物多样性保护的意见》。翌年5月，广西壮族自治区党委、人民政府也出台了《关于进一步加强生物多样性保护的实施意见》。与此同时，我国正在加快构建以国家公园为主体的自然保护地体系，逐步把自然生态系统最重要、自然景观最独特、自然遗产最精华、生物多样性最富集的区域纳入国家公园体系，为我国乃至全球的生物多样性保护作出卓越贡献。

广西生物多样性丰富程度仅次于云南、四川，拥有南岭区、桂西黔南石灰岩区、桂西南山地区和南海区4个中国生物多样性保护优先区域，覆盖广西绝大部分的自然保护地。广西还在国家重点保护野生动植物、极小种群野生植物、特有植物等方面积极开展保护行动，生物多样性保护成效显著。广西的生物多样性保护在中国履行《生物多样性公约》中具有重要的作用。然而，目前广西生物多样性资源本底还有待摸清，就植物多样性而言，近20多年来，广西每年有25个以上的植物新种被报道，而被报道的广西新记录种数量更多。因此，继续开展和完善广西生物多样性编目是发挥广西生物多样性总体价值的基础和关键。

姑婆山处于南岭地区五岭之一的萌渚岭南端，广西东部贺州市境内，为桂东地区重要的森林资源分布区和水源林涵养地，是贺州市生物多样性最丰富的区域之一。为贯彻落实“绿水青山就是金山银山”理念，彻底摸清姑婆山生物资源本底，广西姑婆山自治区级自然保护区与相关科研院所密切合作，不断加强生物多样性调查力度，在生物资源本底调查、珍稀濒危物种监测及保护对象的保护方面取得了显著成效。为了系统而全面地展示姑婆山新一轮生物资源调查的成果，拟对不同生物资源分别编研专著出版，《姑婆山野生植物》为姑婆山植物物种多样性的阶段性研究成果。

本书分上、中、下3卷，收录包括石松类和蕨类植物、裸子植物、被子植物野生种类。其中，蕨类植物145种，隶属25科63属，主要采用PPG Ⅰ系统排列；裸子植物8种，隶属5科6属，采用郑万钧系统（1978年）排列；被子植物1213种，隶属154科581属，采用哈钦松系统（1926年和1934年）排列。各科所含属、种均编写检索表，为识别和鉴定提供便利。全书文字简练、图片清晰、物种鉴定准确，每种植物均附有中文名称、别名、科名、属名、学名、简要的形态特征、分布及用途等信息。

本书在编著过程中得到广西贺州生态环境和生物多样性项目、广西贺州市姑婆山林场珍稀濒危野生植物科学研究与宣传教育项目、国家自然科学基金项目（32160050）、广西植物功能物质与资源持续利用重点实验室、广西喀斯特植物保育与恢复生态学重点实验室等的资助；在野外调查和标本鉴定过程中，得到广西壮族自治区药用植物园、广西壮族自治区中医药研究院、中国科学院华南植物园、中国科学院植物研究所、中国科学院昆明植物研究所等单位的大力支持，在此谨致以衷心感谢！

本书的出版将为姑婆山生物多样性的保护与可持续利用提供基础资料，可供植物学、林学、农学、生态学等科研工作者，以及高等院校师生和植物爱好者参考使用。对书中错漏之处，敬请读者批评指正。

编著者

2023年5月

目 录

概论

INTRODUCTION

一、自然地理概况

姑婆山位于桂、湘、粤三省交界处的萌渚岭南端，广西东部贺州市平桂区境内，东南与贺州市里松镇、黄田镇相邻，西与八步区和钟山县交界，北接广西与湖南两省（区）交界的马鞍山、笔架山—野鸡坳等山峰构成的分水岭，总面积6556.93 hm²，林地面积6526.33 hm²，森林覆盖率99.55%。姑婆山属南岭山系萌渚岭中山地貌，地形地势复杂，海拔1000 m以上的山峰有25座，最高峰天堂顶海拔1844 m，是桂东第一高峰。

姑婆山属萌渚岭支脉，山脉从湖南省江华瑶族自治县进入广西，由东北向西南方向延伸，由马鞍山、天堂顶、姑婆山等主峰连成西南走向的山脉主体。山脉由姑婆山向西北转入湖南变为低矮余脉，往南的支脉亦变为余脉，形成了姑婆山北面、西面、东南面三面成坡，东北面一面连脉的地形。姑婆山所处海拔为300～1850 m，在亚热带湿润季风气候条件下，流水的侵蚀使花岗岩和砂页岩的山坡冲刷非常迅速，沟谷下切剧烈，地貌类型属于侵蚀剥蚀的褶皱断层花岗岩低山至中山山地地貌。

姑婆山地处中亚热带气候区，年平均气温18.2 ℃，最高温38.9 ℃，最低温-4.0 ℃，年活动积温6643 ℃。年平均降水量1704 mm，相对湿度在80%以上。姑婆山的春季多雨雾，风较大；夏季受南部海洋暖湿气流的影响，常在姑婆山范围内构成山前的大量锋面雨；冬季有短期霜冻和雨凇。姑婆山年平均无霜期299天，区域内空气清洁度高，空气负氧离子含量高达15.6 万个/cm³，被誉为“华南地区最大的天然氧吧”。

姑婆山位于贺江上游，是贺江支流之一白沙河的发源地，同时也是重要的水源涵养地。姑婆山沟壑纵横，水流不断，特殊的地形构造和众多绝壁，形成“沟沟皆瀑、有瀑必奇”的独特景观。姑婆山各河流径流量大，终年不断流，水质优良。河水流量主要来源于季节性降水，雨季集中在4～7月，该时段暴雨频发，达到一年中的最高水位；7月以后降水逐渐减少，进入枯水季节，达到年最低水位。

姑婆山区内山体多陡峭，坡度常在30°以上，冲沟坡度大，岩石众多且裸露。成土母岩90%以上为花岗岩，风化层厚，但因坡度较陡而难以积聚，仅山脚平缓地带的土层厚可达1 m。从不同海拔梯度的土壤类型看，海拔500 m以下为山地红壤，海拔500～800 m则为红黄壤，海拔800～1300 m为山地黄壤，海拔1300～1600 m为山地黄棕壤，海拔1600 m以上为山地草甸土。

二、植被概况

姑婆山发育和保存着较大面积的典型亚热带常绿阔叶林。在我国植被区划中，姑婆山处于亚热带常绿阔叶林区的东部（湿润）亚热带常绿阔叶林亚区域，同时又处于南亚热带和中亚热带湿润大区的分界线上，地理上处于复杂的气候交汇点，使得姑婆山的植被区系成分也变得复杂，其植被类型组成也多样化，主要植被类型有常绿阔叶林、常绿落叶阔叶混交林、针阔混交林、人工杉木林、人工马尾松林、人工毛竹林、山顶灌木丛、山顶矮竹林、苦竹纯林等。

在海拔500～1000 m的区域，植被曾经受人类活动影响较大，存留有大量人工种植的杉木林、马尾松林、毛竹林和苦竹林；在海拔1000～1500 m的区域，人工林数量明显减少，仅有少量杉木林和苦竹林；在海拔1500～1850 m的区域，气温相对较低，植被类型主要是山顶杜鹃灌木丛、山脊线上少量的苦竹林和木荷、米槠混交林。

总的来说，姑婆山植被以天然植被为主，兼有部分人工植被，既有典型的大面积亚热带常绿阔叶林，伴有常绿落叶阔叶混交林、山顶灌木丛等天然植被，也有早期林场经营期间保留的杉木林、马尾松林及毛竹林等人工植被，现已有部分人工针叶林逐渐形成针阔混交林。

亚热带常绿落叶阔叶混交林

三、植物资源概况

姑婆山共有维管植物1469种，隶属196科709属。其中，蕨类植物145种，隶属25科63属，分别占该地区维管植物科、属、种总数的12.76%、8.89%、9.87%；裸子植物19种，隶属9科15属，分别占该地区维管植物科、属、种总数的4.59%、2.11%、1.29%；被子植物1305种，隶属162科631属，分别占该地区维管植物科、属、种总数的82.65%、89.00%、88.84%（表1）。按植物性状进行统计，所记录的1469种维管植物包含草本类型768种、灌木类型261种、乔木类型242种、藤本类型198种，分别占维管植物总数的52.28%、17.77%、16.47%、13.48%。由此可见，姑婆山维管植物在性状上以草本植物种类居多，而在群落结构中占据主导地位的乔木和灌木种类则共占总种数的34.24%。

表1　姑婆山维管植物科、属、种组成

分类群	科数	占总科数（%）	属数	占总属数（%）	种数	占总种数（%）
蕨类植物	25	12.76	63	8.89	145	9.87
裸子植物	9	4.59	15	2.11	19	1.29
被子植物	162	82.65	631	89.00	1305	88.84
合计	196	100	709	100	1469	100

在姑婆山1469种维管植物中，野生植物有1366种，隶属184科650属，包含蕨类植物25科63属145种、裸子植物5科6属8种、被子植物154科581属1213种；栽培植物有103种。对野生维管植物进行区系的分析表明，植物区系在科、属2个水平上均以热带、亚热带成分为主，表现出明显的热带、亚热带性质。其中，在蕨类植物中热带成分分布型占据绝对优势，而温带成分分布型极不明显；在种子植物中，热带成分分布型则有81科306属，分别占野生种子植物总科数和总属数的50.94%和52.13%；温带成分分布型有32科85属，分别占野生种子植物总科数和总属数的20.13%和14.48%，呈现出多热带成分与少温带成分相互作用的热带、亚热带性质。

依据2021年国家林业和草原局、农业农村部公布的《国家重点保护野生植物名录（第二批）》及2010年广西发布的《广西壮族自治区重点保护野生植物名录（第一批）》，对姑婆山的珍稀濒危植物进行统计，共计86种，占该区维管植物总种数的5.85%，隶属27科53属，包括蕨类植物7种、裸子植物3种、被子植物76种。其中，被《国家重点保护野生植物名录（第二批）》收录的有39种，均为国家二级重点保护野生植物；被《广西壮族自治区重点保护野生植物名录（第一批）》收录的有47种（表2）。

姑婆山分布的39种国家二级重点保护野生植物包含7种蕨类植物、2种裸子植物、20种双子叶植物以及10种单子叶植物，分别占该区珍稀濒危野生植物总数的8.14%、2.33%、23.26%和11.63%。根据世界自然保护联盟（IUCN）物种红色名录和濒危等级标准，极危种（CR）有1种，为巴戟天 *Morinda officinalis*；濒危种（EN）有4种，为短萼黄连 *Coptis chinensis* var. *brevisepala*、道县野橘 *Citrus daoxianensis*、金线兰 *Anoectochilus roxburghii*和浙江金线兰 *A. zhejiangensis*；易危种（VU）有15种，为桫椤 *Alsophila spinulosa*、福建柏 *Fokienia hodginsii*、百日青 *Podocarpus neriifolius*、闽楠 *Phoebe bournei*、八角莲 *Dysosma versipellis*、六角莲 *D. pleiantha*、茶 *Camellia sinensis*、山豆根 *Euchresta japonica*、花榈木 *Ormosia henryi*、华重楼 *Paris polyphylla* var. *chinensis*、建兰 *Cymbidium ensifolium*、多花兰 *C. floribundum*、春兰 *C. goeringii*、寒兰 *C. kanran*和墨兰 *C. sinense*。

姑婆山分布的47种广西重点保护野生植物包含1种裸子植物、8种双子叶植物以及38种单子叶植物，分别占该区珍稀濒危野生植物总数的1.16%、9.30%和44.19%。根据IUCN物种红色名录和濒危等级标准，极危种（CR）有3种，为粗梗木莲 *Manglietia crassipes*、春天麻 *Gastrodia fontinalis* 和长苞羊耳蒜 *Liparis inaperta*；濒危种（EN）有4种，为白桂木 *Artocarpus hypargyreus*、乐昌虾脊兰 *Calanthe lechangensis*、异大黄花虾脊兰 *C. sieboldopsis*和福建舌唇兰 *Platanthera fujianensis*；易危种（VU）有4种，为吊皮锥 *Castanopsis kawakamii*、舌柱麻 *Archiboehmeria atrata*、光萼斑叶兰 *Goodyera henryi*和白肋菱兰 *Rhomboda tokioi*。

表2 姑婆山珍稀濒危植物

序号	科名	中文名	拉丁学名	保护级别	IUCN
1	石杉科	昆明石杉	*Huperzia kunmingensis*	国家二级	NT
2	石杉科	长柄石杉	*Huperzia javanica*	国家二级	NT
3	石杉科	华南马尾杉	*Phlegmariurus austrosinicus*	国家二级	NT
4	合囊蕨科	福建观音座莲	*Angiopteris fokiensis*	国家二级	LC
5	金毛狗科	金毛狗	*Cibotium barometz*	国家二级	LC
6	桫椤科	大叶黑桫椤	*Alsophila gigantea*	国家二级	LC
7	桫椤科	桫椤	*Alsophila spinulosa*	国家二级	VU
8	柏科	福建柏	*Fokienia hodginsii*	国家二级	VU
9	罗汉松科	百日青	*Podocarpus neriifolius*	国家二级	VU
10	樟科	闽楠	*Phoebe bournei*	国家二级	VU
11	毛茛科	短萼黄连	*Coptis chinensis* var. *brevisepala*	国家二级	EN
12	小檗科	八角莲	*Dysosma versipellis*	国家二级	VU
13	小檗科	六角莲	*Dysosma pleiantha*	国家二级	VU
14	蓼科	金荞麦	*Fagopyrum dibotrys*	国家二级	LC
15	山茶科	突肋茶	*Camellia costata*	国家二级	LC
16	山茶科	秃房茶	*Camellia gymnogyna*	国家二级	LC
17	山茶科	茶	*Camellia sinensis*	国家二级	VU
18	山茶科	白毛茶	*Camellia sinensis* var. *pubilimba*	国家二级	LC
19	山茶科	大果核果茶	*Pyrenaria spectabilis*	自治区级	LC
20	猕猴桃科	金花猕猴桃	*Actinidia chrysantha*	国家二级	NT
21	猕猴桃科	条叶猕猴桃	*Actinidia fortunatii*	国家二级	NT
22	蝶形花科	山豆根	*Euchresta japonica*	国家二级	VU
23	蝶形花科	花榈木	*Ormosia henryi*	国家二级	VU
24	蝶形花科	软荚红豆	*Ormosia semicastrata*	国家二级	LC
25	蝶形花科	木荚红豆	*Ormosia xylocarpa*	国家二级	LC
26	芸香科	道县野橘	*Citrus daoxianensis*	国家二级	EN
27	芸香科	莽山野桔	*Citrus mangshanensis*	国家二级	NT
28	楝科	红椿	*Toona ciliata*	国家二级	NT
29	伯乐树科	伯乐树	*Bretschneidera sinensis*	国家二级	NT
30	茜草科	巴戟天	*Morinda officinalis*	国家二级	CR
31	延龄草科	华重楼	*Paris polyphylla* var. *chinensis*	国家二级	VU
32	松科	黄山松	*Pinus taiwanensis*	自治区级	LC
33	木兰科	粗梗木莲	*Manglietia crassipes*	自治区级	CR
34	马兜铃科	广防己	*Aristolochia fangchi*	自治区级	LC
35	壳斗科	吊皮锥	*Castanopsis kawakamii*	自治区级	VU
36	桑科	白桂木	*Artocarpus hypargyreus*	自治区级	EN
37	荨麻科	舌柱麻	*Archiboehmeria atrata*	自治区级	VU
38	杜鹃花科	大橙杜鹃	*Rhododendron dachengense*	自治区级	DD
39	安息香科	白辛树	*Pterostyrax psilophyllus*	自治区级	NT
40	兰科	金线兰	*Anoectochilus roxburghii*	国家二级	EN
41	兰科	浙江金线兰	*Anoectochilus zhejiangensis*	国家二级	EN
42	兰科	建兰	*Cymbidium ensifolium*	国家二级	VU
43	兰科	多花兰	*Cymbidium floribundum*	国家二级	VU

续表

序号	科名	中文名	拉丁学名	保护级别	IUCN
44	兰科	春兰	*Cymbidium goeringii*	国家二级	VU
45	兰科	寒兰	*Cymbidium kanran*	国家二级	VU
46	兰科	墨兰	*Cymbidium sinense*	国家二级	VU
47	兰科	重唇石斛	*Dendrobium hercoglossum*	国家二级	NT
48	兰科	独蒜兰	*Pleione bulbocodioides*	国家二级	LC
49	兰科	无叶兰	*Aphyllorchis montana*	自治区级	LC
50	兰科	瘤唇卷瓣兰	*Bulbophyllum japonicum*	自治区级	LC
51	兰科	广东石豆兰	*Bulbophyllum kwangtungense*	自治区级	LC
52	兰科	齿瓣石豆兰	*Bulbophyllum levinei*	自治区级	LC
53	兰科	翘距虾脊兰	*Calanthe aristulifera*	自治区级	NT
54	兰科	剑叶虾脊兰	*Calanthe davidii*	自治区级	LC
55	兰科	乐昌虾脊兰	*Calanthe lechangensis*	自治区级	EN
56	兰科	反瓣虾脊兰	*Calanthe reflexa*	自治区级	LC
57	兰科	异大黄花虾脊兰	*Calanthe sieboldopsis*	自治区级	EN
58	兰科	金兰	*Cephalanthera falcata*	自治区级	LC
59	兰科	台湾吻兰	*Collabium formosanum*	自治区级	LC
60	兰科	钳唇兰	*Erythrodes blumei*	自治区级	LC
61	兰科	春天麻	*Gastrodia fontinalis*	自治区级	CR
62	兰科	北插天天麻	*Gastrodia peichatieniana*	自治区级	LC
63	兰科	多叶斑叶兰	*Goodyera foliosa*	自治区级	LC
64	兰科	光萼斑叶兰	*Goodyera henryi*	自治区级	VU
65	兰科	斑叶兰	*Goodyera schlechtendaliana*	自治区级	NT
66	兰科	绿花斑叶兰	*Goodyera viridiflora*	自治区级	LC
67	兰科	毛葶玉凤花	*Habenaria ciliolaris*	自治区级	LC
68	兰科	丝裂玉凤花	*Habenaria polytricha*	自治区级	LC
69	兰科	橙黄玉凤花	*Habenaria rhodocheila*	自治区级	LC
70	兰科	镰翅羊耳蒜	*Liparis bootanensis*	自治区级	LC
71	兰科	长苞羊耳蒜	*Liparis inaperta*	自治区级	CR
72	兰科	见血青	*Liparis nervosa*	自治区级	NT
73	兰科	西南齿唇兰	*Odontochilus elwesii*	自治区级	LC
74	兰科	齿爪叠鞘兰	*Odontochilus poilanei*	自治区级	LC
75	兰科	狭穗阔蕊兰	*Peristylus densus*	自治区级	LC
76	兰科	黄花鹤顶兰	*Phaius flavus*	自治区级	LC
77	兰科	鹤顶兰	*Phaius tancarvilleae*	自治区级	LC
78	兰科	福建舌唇兰	*Platanthera fujianensis*	自治区级	EN
79	兰科	小舌唇兰	*Platanthera minor*	自治区级	LC
80	兰科	白肋菱兰	*Rhomboda tokioi*	自治区级	VU
81	兰科	苞舌兰	*Spathoglottis pubescens*	自治区级	LC
82	兰科	香港绶草	*Spiranthes hongkongensis*	自治区级	LC
83	兰科	带唇兰	*Tainia dunnii*	自治区级	NT
84	兰科	长轴白点兰	*Thrixspermum saruwatarii*	自治区级	LC
85	兰科	阔叶竹茎兰	*Tropidia angulosa*	自治区级	NT
86	兰科	宽叶线柱兰	*Zeuxine affinis*	自治区级	LC

乐昌虾脊兰 *Calanthe lechangensis*

春天麻 *Gastrodia fontinalis*

特有类群的形成反映一个地区植物区系的特殊性。从时间上看，特有类群往往表现出演化、孑遗或系统分化的状态；在空间上对特有类群进行分析，能够有力地说明该地区植物区系性质。姑婆山维管植物的广西特有性不高，所记录物种中仅包含18种广西特有植物，隶属11科11属，占该区野生维管植物总数的1.32%，分别是山茶科的耳基叶杨桐 *Adinandra auriformis*，蔷薇科的毛萼蔷薇 *Rosa lasiosepala*，荨麻科的硬毛楼梯草 *Elatostema hirtellum*、钝齿楼梯草 *E. obtusidentatum*，冬青科的多核冬青 *Ilex polypyrena*，杜鹃花科的临桂杜鹃 *Rhododendron linguiense*、大橙杜鹃 *Rh. dachengense*、武鸣杜鹃 *Rh. wumingense*、粘芽杜鹃 *Rh. viscigemmatum*、素馨杜鹃 *Rh. jasminoides*、腺刺马银花 *Rh. mitriforme* var. *setaceum*和腺花杜鹃 *Rh. adenanthum*，菊科的广西蒲儿根 *Sinosenecio guangxiensis*，玄参科的坚挺母草 *Lindernia stricta*，苦苣苔科的姑婆山马铃苣苔 *Oreocharis tetraptera*，莎草科的广西薹草 *Carex kwangsiensis*，海桐花科的薄片海桐 *Pittosporum tenuivalvatum*，鳞毛蕨科的广西鳞毛蕨 *Dryopteris guangxiensis*。

姑婆山马铃苣苔 *Oreocharis tetraptera*

四、资源现状与保护

1. 受威胁因素

姑婆山属于低山至中山山地地貌，区内奇特的自然景观和良好的自然环境吸引了全国各地的游客。与此同时，人为的盗挖和放牧行为以及自然灾害等因素，导致姑婆山植物多样性保护压力不断加大，某些珍稀濒危植物面临生存威胁。姑婆山植物资源受威胁的主要原因如下。

（1）栖息地遭破坏与外来物种入侵

姑婆山周边居民众多，牛羊放养是当地群众长期保持的饲养方式，特别是在山顶草甸覆盖区域，牛羊放养较频繁，对生境影响较大，已有少量地段出现了山体裸露的现象。此外，姑婆山的旅游开发和经营活动增加了外来物种入侵的风险，给本土植物带来生境或栖息地的竞争，甚至侵占本土植物的生境或栖息地，威胁其生存，从而导致植物物种多样性降低。

（2）存在盗挖现象

姑婆山当地居民长期以来就有利用野生植物治疗疾病的习俗，因此一些具有重要药用或观赏价值的珍稀濒危植物被盗挖。

（3）自然灾害

姑婆山某些高海拔区域常因冬季霜冻或雨雪天气而出现植物被冻死、冻伤的现象。此外，姑婆山河流众多，在暴雨频发的季节也常常带来严重的自然灾害，比如山洪、泥石流和山体滑坡等，这些因素或多或少会对植被和植物多样性造成威胁。

2. 保护建议

为了更好地保护姑婆山的植物资源，针对实际问题，提出以下保护建议。

（1）加强植物多样性调查研究和监测

姑婆山植物多样性丰富，具有较高的科研、药用、材用、观赏等价值，摸清其植物资源本底十分重要，特别是珍稀濒危植物资源，应了解其种群数量、分布及资源现状等，建立珍稀濒危植物资源物种信息数据库。同时，设置监测样地，定期开展物种监测，并根据监测结果提出针对性的保护和可持续利用措施。

（2）加大社区宣传力度，加强法律、法规保障体系的建设

如何做好保护区生物多样性保护、资源合理开发利用以及协调好保护区和社区之间的关系是众多自然保护区面临的主要难题之一。这不仅需要相关部门加强法制的建设，完善野生生物资源保护体系，而且要加大宣传力度，加强社区居民的法制教育，提高群众对环境和动植物的保护意识。

（3）加强物种保育与可持续利用

对种群数量稀少或生境遭到破坏的物种，可实施近地保护措施，或通过人工扩繁以及野外回归，扩大其种群规模。对具有重要经济价值的物种，可通过人工培育并积极推广，正确引导社区居民利用当地丰富的植物资源进行生产经营，如种植生长周期短的林下药材，增加社区居民的经济收入，不断缓解保护区与社区矛盾。

各论·石松类和蕨类植物

Lycophytes and Ferns

石杉科 Huperziaceae

本科有2属300多种，广泛分布于世界各地，尤以中南美洲的热带地区最多。我国有2属46种；广西有2属15种；姑婆山有2属3种。

分属检索表

1. 土生，茎直立；孢子叶仅比营养叶略小；叶片边缘或前端具齿…………………**石杉属** *Huperzia*
1. 附生；孢子叶与营养叶明显不同或相似；叶片边缘全缘…………………**马尾杉属** *Phlegmariurus*

石杉属 *Huperzia* Bernh.

本属约有55种，分布于温带和北极地区。我国有27种，广西有5种，姑婆山有2种。

分种检索表

1. 叶片狭小，通常长10 mm以下，披针形至线形，边缘具疏齿…………**昆明石杉** *H. kunmingensis*
1. 叶片较宽大，通常长10 mm以上，椭圆状披针形，边缘具粗密尖齿，腹面平坦……**长柄石杉** *H. javanica*

昆明石杉
Huperzia kunmingensis Ching

多年生土生蕨类。茎直立或斜生，高4～17 cm，枝上部常有芽孢。叶螺旋状排列，密生或疏生，斜向上；叶片薄草质，狭椭圆状披针形，无柄，先端渐尖，边缘平直不皱曲，上部边缘有疏细齿或近全缘，两面光滑，背面近平展，中脉在腹面不明显，在背面略突出；孢子叶与营养叶同形。孢子囊生于孢子叶的叶腋，略露出孢子叶外，肾形，黄色。

生于山坡林下；少见。 国家二级重点保护植物。

长柄石杉

Huperzia javanica（Sw.）Fraser-Jenk.

多年生蕨类。茎直立或斜升，高10～30 cm。叶螺旋状排列；叶片纸质，披针形，长1～3 cm，宽1～8 mm，基部楔形，下延有柄，先端急尖或渐尖，边缘有不规则的齿。孢子叶与营养叶同形；孢子囊肾形，淡黄色，横生于叶腋。

生于山坡林下；常见。 国家二级重点保护植物；全草入药，具有清热解毒、生肌止血、散瘀消肿的功效。

马尾杉属 *Phlegmariurus*（Herter）Holub

本属约有250种，广泛分布于热带亚热带地区。我国有22种；广西有12种；姑婆山仅有1种。

华南马尾杉
Phlegmariurus austrosinicus（Ching）L. B. Zhang

植株高15～25 cm。茎直立，簇生。一回至二回二叉分枝，主枝连叶宽1.3～1.5 cm。叶稀疏，向两侧开展而略斜上；营养叶椭圆形，钝尖或急尖头，基部变狭，有短柄，边缘全缘；孢子叶与营养叶同形或略狭。孢子囊圆肾形，腋生，黄色。

生于山坡林下；少见。 国家二级重点保护植物；全草入药，具有消肿止痛、祛风止血、清热解毒、止咳、生肌等功效。

石松科 Lycopodiaceae

本科有5属360～400种，全球广泛分布。我国有5属66种；广西有4属6种；姑婆山有2属2种。

分属检索表

1. 主茎攀缘……………………………………………………………藤石松属 *Lycopodiastrum*
1. 主茎匍匐状或直立………………………………………………………垂穗石松属 *Palhinhaea*

藤石松属 *Lycopodiastrum* Holub ex Dixit

本属为单种属，广泛分布于亚洲的热带亚热带地区。我国有1种，姑婆山也有。

藤石松

Lycopodiastrum casuarinoides（Spring）Holub ex R. D. Dixit

攀缘藤本植物。地上圆柱状主枝可达数米，侧枝柔软，多回二叉分枝；小枝扁平，柔软下垂，常分化为营养枝和孢子枝。叶片革质，钻形，基部下延贴生枝上。孢子囊穗每簇6～12个，排成复圆锥状，顶生，具直立小柄；孢子囊内藏于孢子叶腋，圆肾形；孢子表面粗糙，具颗粒状纹饰。

生于疏林灌木丛中；常见。　全株入药，具有祛风除湿、舒筋活络、活血止血、清肝止汗的功效。

垂穗石松属 *Palhinhaea* Franco et Vasc. ex Vasc. et Franco

本属有27种，广泛分布于热带亚热带地区。我国有2种2变型；广西有1种；姑婆山也有。

垂穗石松

Palhinhaea cernua（L.）Vasc. et Franco

蔓生草本。主茎高20～50 cm，向上叉状分枝。主茎上的叶螺旋状排列，线形，先端尖锐；孢子叶覆瓦状排列，阔卵形。孢子囊穗单生于小枝顶端，短圆柱形，成熟时通常下垂；孢子囊圆肾形，生于小枝顶部，成熟则开裂，放出黄色孢子。

生于山坡疏林下或林缘灌木丛中；常见。　全草入药，具有舒筋活络、消炎解毒、收敛止血、镇咳、利尿的功效。

卷柏科 Selaginellaceae

本科仅有1属，即卷柏属*Selaginella*，约有700种，全球广泛分布。我国有72种；广西有40种；姑婆山有8种。

分种检索表

1. 孢子囊生于一般枝的叶腋，不形成特化的孢子叶穗；茎匍匐分枝，中叶及侧叶斜卵形，边缘有细齿……………………………………………………………………………………伏地卷柏 *S. nipponica*
1. 孢子囊生于枝顶的孢子叶腋，形成特化的孢子叶穗。
  2. 孢子叶穗方形或四棱柱形，上下孢子叶近同形。
    3. 主茎直立，或基部匍匐，上部斜升；叶面无虹彩。
      4. 根托仅生于主茎基部或匍匐茎上；主茎上的叶一型。
        5. 茎枝被毛……………………………………………………………………二形卷柏 *S. biformis*
        5. 茎枝光滑无毛………………………………………………………………江南卷柏 *S. moellendorffii*
      4. 根托生于主茎中下部，也可达茎的中上部。
        6. 植株直立；侧枝上小枝排成整齐的一回羽状。
          7. 小枝单一不分叉；中叶先端同分枝平行……………………………瓦氏卷柏 *S. wallichii*
          7. 小枝单一或分叉，至少基部的分叉；中叶先端交叉……………薄叶卷柏 *S. delicatula*
        6. 植株直立或基部匍匐，上部斜升；侧枝多回分枝，分枝不排列成整齐的一回羽状…………………………………………………………………………深绿卷柏 *S. doederleinii*
    3. 主茎匍匐或攀缘生长；根托生于茎枝各部；叶面具虹彩…………………翠云草 *S. uncinata*
  2. 孢子叶穗背腹压扁；孢子叶不同型………………………………………………疏松卷柏 *S. effusa*

二形卷柏

Selaginella biformis A. Braun ex Kuhn

直立或匍匐草本。茎禾秆色。根托生于匍匐的根状茎或游走茎上。侧叶不对称，紧接或覆瓦状，长圆镰形，上侧边缘睫毛状至有细齿，下侧边缘近全缘；中叶不对称，卵形，紧密，叶尖具芒，基部斜心形；腋叶略不对称，卵状披针形。孢子叶穗紧密，四棱柱形，单生于小枝末端；孢子叶一型，不具白边，大孢子叶分布于孢子叶穗下部；大孢子白色，小孢子橙色。

生于山坡或林缘路边；常见。 全草入药，具有清热解毒、降火消肿的功效。

深绿卷柏

Selaginella doederleinii Hieron.

近直立草本。茎基部横卧，高25～45 cm，多回分枝；分枝处常有根托。叶交互排列，二型，翠绿色或深绿色；侧叶向两侧平展，长圆形；中叶长卵形，大小约为侧叶的1/3，先端直指枝顶。孢子囊穗常双生于枝顶，四棱柱形；大孢子白色；小孢子橘黄色。

生于疏林下；常见。　全草入药，具有祛风、散寒、消肿、止咳的功效，可用于风寒咳嗽、风湿、手指肿痛、骨折等。

江南卷柏

Selaginella moellendorffii Hieron.

直立草本，高20～65 cm。具横走的地下根状茎和游走茎，茎上生鳞片状淡绿色的叶；主茎红色或禾秆色，茎枝光滑无毛。上部茎生叶二型；侧叶斜展，卵状至卵状三角形；中叶疏生，斜卵圆形，边缘有细齿和白边。孢子囊穗紧密，单生于枝顶，四棱柱形。

生于山坡林下；常见。　全草入药，具有止血、清热、利湿的功效。

伏地卷柏

Selaginella nipponica Franch. et Sav.

茎匍匐分枝，上端斜升，纤细。叶二型；叶片薄纸质；侧叶斜卵形，基部斜心形，尖端渐尖，边缘有细齿；中叶与侧叶相似而较大；腋叶狭卵形，基部浅心形，渐尖头，边缘有齿。孢子囊生在枝的上部叶腋，不形成特化的孢子叶穗；大孢子囊位于孢子叶穗下部；小孢子囊位于孢子叶穗上部。

生于路边草丛；少见。 全草入药，具有清热解毒、润肺止咳、舒筋活血、止血生肌的功效。

翠云草

Selaginella uncinata（Desv.）Spring

主茎伏地蔓生，无横走地下茎。节上生不定根。主茎上的叶较大，卵形或卵状椭圆形；分枝上的叶二型，排成一平面，叶片边缘具白边，边缘全缘，腹面光滑，具虹彩。孢子叶一型，密生，卵状三角形，边缘全缘；孢子叶穗单生于枝顶，四棱柱形；大孢子灰白色或暗褐色；小孢子淡黄色。

生于沟谷疏林下或林缘路旁；常见。 全株入药，具有清热解毒、利湿、舒筋活络、消炎止血的功效。

瓦氏卷柏

Selaginella wallichii（Hook. et Grev.）Spring

直立草本。具横走的地下根状茎和游走茎；根托只生于茎的下部，同游走茎一起由主茎分枝生出。主茎上部分枝或自下部开始羽状分枝或不是很规则的羽状分枝，禾秆色；茎近四棱柱形，具沟槽，侧枝4～8对，一回羽状分枝，小枝规则。叶片卵形或卵状披针形。孢子叶穗紧密，四棱柱形，单生于小枝末端；孢子叶一型，卵状披针形；大孢子黄白色；小孢子浅黄色。

生于山坡路边；常见。

木贼科 Equisetaceae

本科仅有1属，即木贼属*Equisetum*，有15种，广泛分布于全球。我国有1属10 种；广西有3种；姑婆山有1种。

节节草

Equisetum ramosissimum Desf.

多年生草本。根茎直立，横走或斜升，黑棕色。地上枝多年生，枝一型；主枝多在下部分枝，常形成簇生状，有脊5～14条；鞘筒下部灰绿色，上部灰棕色；侧枝较硬，圆柱状，有脊5～8条。孢子囊穗短棒状或椭圆形，顶部有小尖突，无柄。

生于路边灌木丛中；常见。 地上部分入药，具有清热明目、祛风除湿、祛痰止咳、利尿、退翳的功效。

瓶尔小草科 Ophioglossaceae

本科有4属约80种，广泛分布于全球。我国有3属22种；广西有2属6种；姑婆山有1属1种 。

瓶尔小草属 *Ophioglossum* L.

本属约有28种，变异性甚大，主要分布于北半球。我国有9种；广西有5种；姑婆山有1种。

瓶尔小草

Ophioglossum vulgatum L.

植株高10～26 cm。根状茎短而直立，具一簇肉质粗根。营养叶1片，卵状长圆形，长4～6 cm、宽1.5～2.4 cm，先端钝尖，基部略下延，无柄，微肉质到草质，边缘全缘，网脉明显。孢子叶于初夏从营养叶腋间抽出，长9～18 cm；囊穗远高于营养叶。

生于疏林下或草地上；少见。　全草入药，具有清热解毒、活血消肿、消痈肿的功效。

合囊蕨科 Marattiaceae

本科有6属约100种，分布于热带地区。我国有3属30种；广西有2属11种；姑婆山有1属1种。

观音座莲属 *Angiopteris* Hoffm.

本属有 30 ～ 40 种，分布于亚洲的热带亚热带地区，北达日本。我国有 28 种；广西有 8 种；姑婆山有 1 种。

福建观音座莲

Angiopteris fokiensis Hieron.

植株高可达2 m。根状茎肥大肉质，直立，突出地面约20 cm，宿存的叶梗基部聚生呈莲座状。叶簇生，具粗壮的长梗；叶轴及叶柄具瘤状突起；叶片奇数二回羽状，边缘具小齿，叶脉开展，在背面明显。孢子囊群长圆形，棕色，由10～15个孢子囊组成。

生于山坡、山谷密林下或林缘；罕见。 国家二级重点保护植物；根状茎入药，具有清热解毒、凉血止血、疏风散瘀、安神的功效；块茎可取淀粉食用。

紫萁科 Osmundaceae

本科有3属23种，分布于热带和温带地区。我国有1属9种；广西有6种；姑婆山有2种。

紫萁属 *Osmunda* L.

本属约有15种，分布于北半球的温带和热带地区。我国有9种；广西有6种；姑婆山有2种。

分种检索表

1\. 营养叶二回羽状，羽片长圆形……紫萁 *O. japonica*

1\. 营养叶一回羽状，羽片边缘全缘或具齿……华南紫萁 *O. vachellii*

紫萁
Osmunda japonica Thunb.

多年生草本。根状茎短粗，或呈短树干状而稍弯。叶簇生，直立；柄禾秆色；叶片三角状宽卵形，顶部一回羽状，其下为二回羽状；羽片3～5对，对生，长圆形；孢子叶与营养叶等高或稍高，羽片和小羽片均短缩，小羽片线形，沿背面中肋两侧密生孢子囊。

生于山坡灌草丛中或林缘；常见。　根状茎入药，具有清热解毒、利湿散瘀、止血、杀虫的功效。

华南紫萁

Osmunda vachellii Hook.

多年生草本，高达1 m。根状茎直立，粗壮，成圆柱状主轴。叶簇生于主轴顶部，一型；羽片二型，一回羽状；叶柄棕禾秆色；叶片长圆形，一回羽状，厚纸质。下部3～4对羽片能育，羽片紧缩为线形，中肋两侧密生圆形孢子囊穗，穗上着生深棕色孢子囊。

生于山坡林下；常见。　为优美的庭园观赏植物，经冬不凋；根状茎入药，具有清热解毒、舒筋活络、健脾利湿、止血生肌的功效。

瘤足蕨科 Plagiogyriaceae

本科仅有1属，即瘤足蕨属*Plagiogyria*，约有10种，主要分布于亚洲。我国约有8种；广西有5种；姑婆山有1种。

镰羽瘤足蕨

Plagiogyria falcata Copel.

植株高35～80 cm。根状茎直立。叶二型，簇生，有气囊体生于叶柄基部；营养叶羽裂，背面无白粉，顶部裂片羽裂，羽片12～19 对，下部羽片渐缩短成耳状，中部和上部羽片基部贴生，不对称；孢子叶一回羽状，叶轴背面扁平或有沟槽，羽片 15～30对，无柄或具短柄，下部几对羽片耳状。

生于山坡林下；常见。 全株入药，具有散寒解表的功效，可用于风寒感冒。

里白科 Gleicheniaceae

本科有5属150多种，分布于热带亚热带地区及南半球温带地区。我国有3属15种；广西有2属7种；姑婆山有2属4种。

分属检索表

1. 叶轴二叉分枝，顶端发出1对一回羽状的小羽片……………………………………芒萁属 *Dicranopteris*
1. 叶轴不分枝，顶端发出1对二回羽状的大羽片……………………………………里白属 *Diplopterygium*

芒萁属 *Dicranopteris* Bernh.

本属有10多种，分布于热带亚热带地区。我国有5种；广西有3种；姑婆山有2种。

分种检索表

1. 羽片的裂片宽 4 mm 以下；孢子囊群在中脉两侧各排成1行……………………………芒萁 *D. pedata*
1. 羽片的裂片宽 5～8 mm；孢子囊群在中脉两侧排成不规则的 2～3 行……………大芒萁 *D. ampla*

芒萁
Dicranopteris pedata（Houtt.）Nakaike

多年生草本。根状茎横走，棕褐色，被棕色鳞片及根。叶远生；叶柄棕褐色，无毛；叶片重复假二歧分叉；羽片披针形或宽披针形，先端渐尖，羽片深裂；裂片长线形，边缘干后稍反卷；叶背面白色，与羽轴、裂片轴均被棕色鳞片。孢子囊群着生于细脉中段，有孢子囊6～8个。

生于路边灌木丛中；常见。 全草入药，具有清热利尿、散瘀止血、活血的功效。

里白属 *Diplopterygium*（Diels）Nakai

本属约有20种，广泛分布于热带亚热带地区。我国有9种；广西有4种；姑婆山有2种。

分种检索表

1. 羽轴、小羽轴或裂片背面密被鳞片，或鳞片脱落后轴面呈粗糙的疣状突起……… 中华里白 *D. chinense*
1. 羽轴、小羽轴和裂片背面不具鳞片，或疏生淡棕色星状毛；轴面平滑………… 里白 *D. glaucum*

中华里白
Diplopterygium chinense（Rosenst.）De Vol

植株高达2 m。根状茎粗壮，横走，外被棕色鳞片。叶远生；叶片坚纸质，腹面绿色；叶柄长达1 m，连同叶轴密生棕色分枝的毛和鳞片；顶芽密被棕色披针形鳞片；羽片对生，狭椭圆形，二回羽裂；小羽片40～50对，线状披针形，羽状深裂，中部的较大；裂片30～60对，狭长圆形，偶有小缺刻；裂片具羽状脉，侧脉二叉状，于背面微突出，背面灰绿色。孢子囊群圆形，生于羽片背面侧脉中部，孢子囊3～4个。

生于山坡林下；常见。　根状茎入药，具有止血、接骨的功效。

里白

Diplopterygium glaucum（Thunb. ex Houtt.）Nakai

植株高达2 m。根状茎粗壮，横走，外被棕色鳞片。叶远生；叶片坚纸质，腹面绿色，背面灰绿色；叶柄长达1 m，羽轴、小羽轴和裂片背面不具鳞片；羽片对生，狭椭圆形，二回羽状深裂；小羽片40～50对，线状披针形，羽状深裂，中部的较大；裂片30～60对，狭长圆形，偶有小缺刻；裂片具羽状脉，侧脉二叉状，于背面微突出。孢子囊群圆形，生于羽片背面侧脉中部，孢子囊3～4个。

生于山坡疏林下或林缘路旁；常见。 酸性土指示植物；根状茎、髓部入药，具有行气、止血、接骨的功效。

海金沙科 Lygodiaceae

本科有1属，即海金沙属 *Lygodium*，约有26种，广泛分布于热带亚热带地区。我国有9种；广西有7种；姑婆山有2种。

分种检索表

1. 末回小羽片的基部、小羽柄基部无关节……………………………………………海金沙 *L. japonicum*
1. 末回小羽片柄端有关节…………………………………………………………小叶海金沙 *L. microphyllum*

海金沙
Lygodium japonicum（Thunb.）Sw.

攀缘草本，可长达4 m。茎细弱。叶轴上面有2条狭边，羽片多数，对生于叶轴上的短距两侧，平展。叶为一回至二回羽状复叶；小叶卵状披针形，边缘有齿或不规则分裂；能育羽片卵状三角形，长宽几相等。孢子囊生于能育羽片的背面，排列稀疏；孢子表面有小疣。

生于路边灌木丛中或山坡疏林下；常见。 叶和孢子入药，具有清利湿热、通淋止痛的功效。

小叶海金沙

Lygodium microphyllum（Cav.）R. Br.

蔓生草本，可高攀达7 m。叶片草质，鲜绿色；叶轴纤细；羽片近二型；不育羽片长圆形，奇数羽状，小羽片小，心形或卵状三角形，以关节着生于短柄的顶端，边缘有短齿；小羽片卵状三角形，也以关节着生于短柄上。孢子囊穗条形；每穗有孢子囊5～8对，排于叶缘。

生于林缘或路边灌木丛中；常见。　全草入药，具有利水渗湿、利尿通淋、清热止血、止痢的功效。

膜蕨科 Hymenophyllaceae

本科有9属约600种，主要分布于热带亚热带和温带地区。我国有7属约50种；广西有4属22种；姑婆山有1属2种。

膜蕨属 *Hymenophyllum* Sm.

本属约有120种，广泛分布于热带亚热带地区。我国约有21种；广西有4种；姑婆山有2种。

分种检索表

1. 叶柄具宽翅，连柄宽达2 mm以上……………………………………………………蕗蕨 *H. badium*
1. 叶柄不具翅，或略具狭翅，宽通常不超过1 mm…………………………………长柄蕗蕨 *H. polyanthos*

蕗蕨
Hymenophyllum badium Hook. et Grev.

附生蕨类。根状茎铁丝状，长而横走。叶远生；叶柄长5～10 cm，两侧有平直或呈波状的宽翅至叶柄基部；叶片三回羽裂，羽片10～12对，互生，卵状三角形至狭卵形；小羽片3～4对，无柄。孢子囊群多数，位于全部羽片上，着生于向轴的短裂片先端。

生于山坡林下；常见。　全草入药，具有消肿解毒、消炎生肌、敛伤的功效。

长柄蕗蕨 多果蕗蕨

Hymenophyllum polyanthos（Sw.）Sw.

根状茎纤细而横走。叶远生；叶片膜质，无毛；叶柄无翅或仅在上部有平直的翅；叶片卵形至狭椭圆形，三回至四回羽裂；一回裂片5～8对，以狭翅相连，卵形，中部或下部的较大；二回裂片3～5对，以狭翅相连，卵形或倒卵形；三回裂片1～3 对，宽楔形至短线形。孢子囊群位于叶片中部以上的末回裂片先端；囊苞二唇瓣状，卵形，尖头，边缘全缘。

生于山坡林下；少见。 全草入药，具有清热解毒、生肌消炎、敛伤的功效。

金毛狗科 Cibotiaceae

本科有1属，即金毛狗属*Cibotium*，约11种；分布于亚洲东部和东南部、美洲中部及太平洋诸岛地区。我国有2种；广西有1种；姑婆山有1种。

金毛狗
Cibotium barometz（L.）J. Sm.

大型草本植物，高可达3 m。根状茎横卧，粗大，顶端生出1丛大叶；柄长达120 cm，基部密被金黄色长毛。叶大型，密生，三回羽状深裂；羽片长披针形，裂片边缘有细齿。孢子囊群生于小脉先端，囊群盖棕褐色，横长圆形，形如蚌壳。

生于山坡林下；常见。 国家二级重点保护植物；酸性土指示植物，亦可栽培为观赏植物；根状茎入药，具有补肝肾、强腰膝、祛风湿、利尿通淋的功效。

桫椤科 Cyatheaceae

本科有5属约600种，分布于热带亚热带地区。我国有2属14种；广西有2属8种；姑婆山有1属3种。

桫椤属 *Alsophila* R. Br.

本属约有230种，分布于热带亚热带地区。我国有 12种；广西有7种；姑婆山有3种。

分种检索表

1. 叶柄、叶轴和羽轴鲜时通常绿色、深禾秆色或浅棕色，有刺或小疣；能育小羽片和不育小羽片几同大，小脉常2叉；有囊群盖……………………………………………………桫椤 *A. spinulosa*

1. 叶柄、叶轴和羽轴乌木色或红棕色，通常无刺，略粗糙；能育小羽片常较不育小羽片狭，小脉单一；无囊群盖。

  2. 叶柄连同叶轴背面两侧着生平展伸直的棕色鳞片，叶轴及羽轴腹面无毛……………………………………………………………………………大叶黑桫椤 *A. gigantea*

  2. 叶柄连同叶轴背面两侧无平展伸直的鳞片，叶轴及羽轴腹面具鳞片……粗齿桫椤 *A. denticulata*

大叶黑桫椤

Alsophila gigantea Wall. ex Hook.

植株高达2～5 m，有主干。叶柄乌木色，下部密被线形鳞片；叶片厚纸质，干后腹面暗褐色，背面灰褐色，两面均无毛；叶三回羽裂，羽片长圆形；小羽片约25对，条状披针形，先端渐尖并有浅齿；叶脉在腹面不明显，在背面明显；叶轴及羽轴黑色，与小羽轴腹面同疏被暗棕色的短毛。孢子囊群位于主脉与叶缘之间，无囊群盖。

生于山坡林下；少见。　国家二级重点保护植物；全株入药，具有祛风壮筋的功效。

粗齿桫椤

Alsophila denticulata Baker

植株高0.6～1.4 m。叶柄红褐色，稍有疣状突起，基部生鳞片，向疣部光滑；鳞片线形，光亮，边缘有疏长刚毛；叶簇生，二回至三回羽状；羽片12～16对，互生；小羽片无柄，深羽裂近达小羽轴，边缘有粗齿；叶脉分离，单一或很少分叉；羽轴疏生狭线形的鳞片，较大的鳞片边缘有刚毛。孢子囊群圆形，生于小脉中部或分叉疣；无囊群盖。

生于山坡林下沟边或阴湿处；少见。

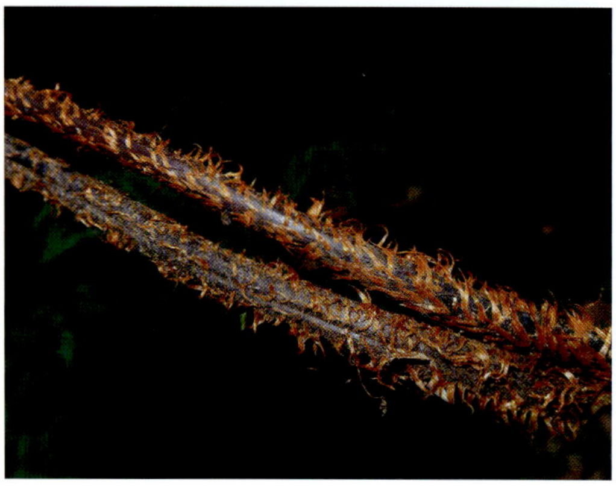

桫椤
Alsophila spinulosa（Wall. ex Hook.）R. M. Tryon

树蕨，植株高3～8 m。茎干上部有残存的叶柄，向下密被交织的不定根。叶簇生于茎顶端；叶柄、叶轴和羽轴鲜时通常绿色，具刺；叶片长可达3 m，三回羽状深裂；羽片矩圆形，裂片长圆形，边缘有齿。孢子囊群生于裂片背面小脉分叉处，囊群盖近圆球形。

生于沟谷林下；少见。 国家二级重点保护植物；根状茎及茎干入药，具有祛风除湿、强筋骨、活血散瘀、清热解毒、补虚止痛、驱虫的功效。

碗蕨科 Dennstaedtiaceae

本科有11属170多种，分布于热带亚热带地区，少数达北美和亚洲东北部及新西兰。我国有7属52种；广西有6属31种；姑婆山有6属6种5变种。

分属检索表

1. 无囊群盖或囊群盖由锯齿或膜质叶边多少反卷而成。
  2. 叶轴具珠芽……………………………………………………………………稀子蕨属 *Monachosorum*
  2. 叶轴无珠芽。
    3. 孢子囊群沿叶边成线形分布。
      4. 根状茎无鳞片；羽片近互生或对生……………………………………………蕨属 *Pteridium*
      4. 根状茎具鳞片；羽片对生…………………………………………………栗蕨属 *Histiopteris*
    3. 孢子囊群近叶边着生于一条小脉先端，一般位于裂片缺刻处……………姬蕨属 *Hypolepis*
1. 囊群盖碗形或半杯形。
  5. 孢子囊群着生于叶缘，囊群盖碗形或圆筒形，由内外两瓣合成，有时向下反折如烟斗………
  ……………………………………………………………………………………碗蕨属 *Dennstaedtia*
  5. 孢子囊群着生于叶缘内侧，囊群盖半杯形以基部及两侧着生于叶肉，或肾圆形仅以阔基部着生
  ……………………………………………………………………………………鳞盖蕨属 *Microlepia*

稀子蕨属 *Monachosorum* Kunze

本属有6种，分布于中国、印度尼西亚、日本、印度、缅甸、马来群岛。我国有3种；广西3种均产；姑婆山仅有1种。

稀子蕨
Monachosorum henryi Christ

植株高达80 cm。根状茎横卧或斜生。叶簇生；叶轴上常有1个卵形芽苞；叶片膜质，狭卵形，背面疏生棕色短腺毛，四回羽裂；羽片10～15对，狭卵形，第一对最大；小羽片约15对，狭卵形至披针形；三回羽片 8～10对，斜长圆形，两侧各有1～2枚具尖头的裂片；三回裂片具羽状脉，侧脉在裂片内分叉。孢子囊群小，圆形，生于叶背小脉近顶部；无囊群盖。

生于山坡疏林下；常见。　全草入药，可用于风湿骨痛。

蕨属 *Pteridium* Gled. ex Scop.

本属约13种，世界广布，主要分布于热带地区。我国有6种；广西有4种；姑婆山有1种1变种。

分种检索表

1. 各回羽轴腹面的沟内无毛……………………………………………蕨 *P. aquilinum* var. *latiusculum*
1. 各回羽轴腹面的沟内有密毛（至少在幼时）或疏毛………………………………毛轴蕨 *P. revolutum*

蕨

Pteridium aquilinum var. *latiusculum* （Desv.） Underw. ex A. Heller

植株高可达1 m。根状茎长而横走，密被锈黄色柔毛，以后逐渐脱落。叶远生；叶柄褐棕色或棕禾秆色；叶片阔三角形或长圆三角形，三回羽状；羽片4～6对，对生或近对生，斜展；叶脉稠密，仅在背面明显；叶轴及羽轴均光滑，各回羽轴腹面均有深纵沟1条。

生于路边灌木丛中；常见。 根状茎提取的淀粉称蕨粉，嫩叶称蕨菜，均可食用；根状茎的纤维可制缆绳，能耐水湿。

毛轴蕨

Pteridium revolutum（Blume）Nakai

植株高1 m 以上。根状茎横走。叶远生；叶片阔三角形，先端渐尖，三回羽状；羽片4～6对，长圆形，先端渐尖；小羽片12～18对；裂片披针形，先端钝或急尖，向基部渐宽，背面被灰白色或浅棕色密毛，干后近革质；叶脉上凹下凸；叶轴、羽轴及小羽轴的背面和腹面的纵沟内均密被灰色或棕色柔毛，老时渐稀疏。

生于山坡、林缘路边；少见。 根状茎入药，具有清热解毒、祛风湿、利水、收敛止血、驱虫的功效。

栗蕨属 *Histiopteris*（J. Agardh）J. Sm.

本属有7种，广泛分布于泛热带地区。我国有1种；广西有1种；姑婆山有1种。

栗蕨
Histiopteris incisa（Thunb.）J. Sm.

植株高约2 m。根状茎长而横走，密被栗褐色鳞片。叶大，疏生；叶片二回至三回羽状；羽片对生，基部有托叶状的小羽片1对，基部一对羽片通常较大，一般中型植株的基部羽片长三角形，基部截形，一回羽状或二回深羽裂；羽片多数，对生，平展，无柄；叶脉网状，网眼五角形或六角形，沿主脉及小羽轴两侧的1列网眼较长而整齐；叶轴及各回羽由栗红色渐变为棕禾秆色至禾秆色，有光泽，无毛，上面有浅纵沟。

生于山坡疏林下或林缘；常见。

姬蕨属 *Hypolepis* Bernh.

本属约50种，广泛分布于热带地区，主要分布于新大陆热带地区。我国有8种；广西有2种；姑婆山有1种。

姬蕨
Hypolepis punctata（Thunb.）Mett.

植株高80 cm 以上。根状茎粗壮，横走。叶远生；叶柄禾秆色；叶片两面有灰白色的节状毛，卵形，基部圆楔形，先端渐尖，四回羽状浅裂；羽片5～10对，互生或近对生，斜上，狭卵形或卵状披针形，有柄，第一对羽片最大；小羽片10～20对，宽披针形或线状披针形，下部较大；三回羽片具羽状脉，侧脉分叉。孢子囊群圆形；囊群盖由锯齿多少反卷而成，无毛。

生于山坡林下；常见。 全草入药，具有清热解毒、收敛止血、止痛的功效。

碗蕨属 *Dennstaedtia* Bernh.

本属约有80种，多分布于热带亚热带地区。我国约有10种；广西有3种；姑婆山有1种1变种。

分种检索表

1. 叶柄和叶轴有刚毛或粗毛；叶片两面被毛……………………………………………碗蕨 *D. scabra*
1. 全株近光滑无毛…………………………………………………………光叶碗蕨 *D. scabra* var. *glabrescens*

碗蕨

Dennstaedtia scabra（Wall. ex Hook.）T. Moore

植株高达1.2 m。根状茎粗壮，密生褐色节状长毛。叶远生；叶柄有褐色节状毛；叶片卵形，三回羽状深裂至四回羽状浅裂；羽片15～20对，卵状或线状披针形，基部偏斜，下部羽片较大；三回羽片达10对，斜卵形；三回裂片具羽状脉，小脉不达叶片边缘，先端有水囊；两面侧脉上被白色节状毛。孢子囊群生于裂片边缘小脉先端；囊群盖碗形，边缘有齿缺。

生于路边林下；常见。　全株入药，具有清热解表的功效。

光叶碗蕨

Dennstaedtia scabra var. *glabrescens* （Ching）C. Chr.

植株高1.2 m。根状茎粗壮。叶远生；叶柄有节状毛或近无毛；叶片卵形，三回羽状深裂至四回羽状浅裂；羽片15～20对，卵状或线状披针形，下部羽片较大；二回羽片12～18对，卵状披针形，基部圆；三回羽片达10对，斜卵形，边缘有少数尖齿；三回裂片具羽状脉，小脉不达叶片边缘，先端有水囊。孢子囊群生于裂片边缘小脉先端；囊群盖碗形，边有齿缺。

生于山坡林下；常见。 全株入药，具有清热解表的功效。

鳞盖蕨属 *Microlepia* C. Presl

本属约有60种，分布于亚洲的热带亚热带地区，南达新西兰，西达马达加斯加地区。我国约有25种；广西有20种；姑婆山有1种3变种。

分种检索表

1. 叶片厚纸质；羽片长达20 cm，腹面除中肋外全无毛；囊群盖无毛……………………………………………………………………………………光叶鳞盖蕨 *M. marginata* var. *calvescens*
1. 叶片纸质；羽片长约10 cm，背面被毛，腹面被毛或无毛；囊群盖被毛。
  2. 羽片边缘浅裂，或仅为粗齿状。
    3. 叶片背面仅脉上被毛……………………………………………………边缘鳞盖蕨 *M. marginata*
    3. 叶片背面密被毛………………………………………毛叶边缘鳞盖蕨 *M. marginata* var. *villosa*
  2. 下部羽片羽状分裂…………………………………二回边缘鳞盖蕨 *M. marginata* var. *bipinnata*

光叶鳞盖蕨
Microlepia marginata var. *calvescens*（Wall. ex Hook.）C. Chr.

植株高达1 m。根状茎密生褐色节状刚毛。叶远生；叶柄禾秆色；叶片坚纸质，两面近无毛，狭卵形，基部近截形，先端渐尖，一回羽状；羽片20～28对，线状披针形，上侧截形并突出成耳状，下侧楔形，边缘浅裂状并有小钝齿；叶脉羽状，两面微突。孢子囊群圆形，生于羽片近边缘的小脉先端；囊群盖半杯状，着生于基部及两侧。

生于山坡、山谷林下或林缘；常见。

边缘鳞盖蕨

Microlepia marginata（Houtt.）C. Chr.

植株高60～80 cm。根状茎长而横走，密被褐色节状刚毛。叶远生；叶柄禾秆色或绿褐色；叶轴腹面无毛，背面密被棕色短毛；叶片草质，腹面多少有毛，背面脉上有毛，卵状披针形，一回羽状；羽片16～24对，线状披针形，先端渐尖，边有钝齿或缺刻或浅裂；叶脉羽状，两面微突。孢子囊群生于羽片近边的小脉先端；囊群盖半杯状，着生于基部及两侧，有毛。

生于山坡林下；常见。　全草入药，具有清热解表、祛风除湿的功效。

二回边缘鳞盖蕨

Microlepia marginata var. *bipinnata* Makino

植株高60～80 cm。根状茎短而横走，密被褐色节状刚毛。叶远生；叶柄禾秆色或绿褐色；叶片草质，腹面多少有毛，背面脉上有毛，卵状披针形，下部羽片羽状分裂，二回羽状；羽片16～24对，线状披针形，渐尖头，边缘有钝齿或缺刻或浅裂，下部的较大。孢子囊群生于羽片近边的小脉先端；囊群盖半杯状，着生于基部及两侧，有毛。

生于山坡林下；常见。　全草入药，具有清热解表、祛风除湿的功效。

鳞始蕨科 Lindsaeaceae

本科有6～9属约200种，分布于热带亚热带地区。我国有4属18种；广西有2属12种；姑婆山有2属4种。

分属检索表

1. 叶片一回至二回羽状粗裂，羽片或小羽片通常为对开式或近圆形，基部不对称，无主脉；孢子囊群沿上缘及外缘着生……………………………………鳞始蕨属 *Lindsaea*
1. 叶片三回至四回羽状细裂，羽片或小羽片楔形或狭线形，主脉明显；孢子囊群生于末回羽片或裂片的先端……………………………………乌蕨属 *Odontosoria*

鳞始蕨属 *Lindsaea* Dryand. ex Sm.

本属约有200种，分布于热带和亚热带地区。我国有13种；广西有11种；姑婆山有3种。

分种检索表

1. 侧生羽片为一回至三回羽状分裂。
  2. 叶柄下面为圆形，羽片斜三角形……………………鳞始蕨 *L. cultrata*
  2. 叶柄下方为方形，羽片圆形或近圆形……………………团叶鳞始蕨 *L. orbiculata*
1. 基部羽片以上的侧生羽片不分裂或很少分裂，若有分裂，通常只在羽片的中部以下分裂，先部不分裂……………………爪哇鳞始蕨 *L. javanensis*

爪哇鳞始蕨
Lindsaea javanensis Blume

植株高达25 cm。根状茎短而横走。叶近生；叶柄暗栗色；叶片三角形，干后呈绿色，下部为二回羽状，上部为一回羽状；下部羽片5对，披针形，顶部为不分裂的阔而长的渐尖头；小羽片5～6对，扇形，边缘全缘或稍呈波状，顶部具阔的小羽片；上部羽片7～9对，卵圆形至长圆肾形；叶脉二叉分枝；孢子囊群长线形，连续不断或偶有缺刻中断；囊群盖膜质，灰绿色。

生于山坡林下；常见。

鳞始蕨

Lindsaea cultrata（Willd.）Sw.

植株高15～50 cm。根状茎短，横走。叶近生；叶柄常为棕色；叶片纸质，两面无毛，线状披针形，基部近截形，先端尾状长渐尖，一回羽状；羽片24～34对，互生，斜扇形，下部边缘全缘，上部有缺刻形成小裂片，下部较大；叶脉二叉分枝。孢子囊群着生于羽片上缘裂片上，线形；囊群盖长圆形或线形，边缘波状。

生于山坡林下；常见。 全草入药，具有止血、利尿的功效，可用于尿闭、吐血。

团叶鳞始蕨

Lindsaea orbiculata（Lam.）Mett. ex Kuhn

植株高25～30 cm。根状茎短，横走。叶近生；叶柄禾秆色；叶片纸质，两面无毛，披针形，先端渐尖，一回羽状，下部有时有羽状羽片；羽片15～20对，斜扇形或近圆形，上部边缘有小齿，下部较大；叶脉二叉分枝。孢子囊群沿羽片上部边缘着生，线形，不中断；囊群盖线形，膜质，边缘有小齿。

生于山坡林下；常见。　全草入药，具有抗菌收敛、止血、镇痛的功效。

乌蕨属 *Odontosoria* Fee

本属约有30种，广泛分布于热带地区，南自新西兰至马达加斯加，北达中国、日本及美国佛罗里达州。我国有2种；广西2种均产；姑婆山有1种。

乌蕨

Odontosoria chinensis（L.）J. Sm.

植株高30～70 cm。根状茎横走，密生深褐色钻形鳞片。叶近生；叶片长卵形或披针形，四回羽状深裂，纸质，两面无毛。孢子囊群小，生在裂片先端或2条小脉先端；囊群盖倒卵形或长圆形。

生于山坡林下；常见。　可作为观赏植物；全草入药，具有清热解毒、利湿、止血、退热的功效。

凤尾蕨科 Pteridaceae

本科约有50属950多种，分布于热带亚热带地区。我国有20属233种；广西14属110种；姑婆山有7属19种。

分属检索表

1. 孢子囊群通常生于小羽片边缘。
  2. 孢子囊群线形……………………………………………………………………凤尾蕨属 *Pteris*
  2. 孢子囊群圆形、肾形或半月形。
    3. 叶片背面具黄色、白色或金黄色的蜡质粉状物…………………………粉背蕨属 *Aleuritopteris*
    3. 叶片背面不具蜡质粉状物。
      4. 小羽片明显具柄，通常有节；叶柄和叶轴纤细，有光泽的黑色或红棕色………………………………………………………………………………………铁线蕨属 *Adiantum*
      4. 小羽片无柄或并不明显，通常无节；叶柄和叶轴没有光泽的黑色或红棕色。
        5. 囊群盖膜质，由反折变质的叶边形成，宽几达中脉，形如荚果………金粉蕨属 *Onychium*
        5. 囊群盖由多少变质的叶边反折而成，通常断裂或多少连续，肾形………………………………………………………………………………………碎米蕨属 *Cheilanthes*
1. 孢子囊群生于叶缘内，中脉每边1条与中肋平行或沿侧脉着生，线形或网状。
  6. 孢子囊群沿侧脉着生，线形或网状…………………………………………凤丫蕨属 *Coniogramme*
  6. 孢子囊群着生于中肋两侧叶缘内，与中肋平行，每边1条…………………书带蕨属 *Haplopteris*

凤尾蕨属 *Pteris* L.

本属约有250种，分布于热带亚热带地区，南达新西兰、澳大利亚及非洲南部，北至日本及北美洲。我国有78种；广西有41种；姑婆山有9种。

分种检索表

1. 叶为三出指状分裂或一回羽状，少为单叶；羽片通常不为长线形或披针形，渐尖头，有软骨质狭边，不分裂或往往基部一对（有时下部数对）的下侧分叉，但从不为篦齿状羽裂。
  2. 叶一型或近二型。
    3. 侧生羽片多数，常达30～40对，向下渐缩短；不育羽片边缘有粗而尖的锯齿………………………………………………………………………………………蜈蚣凤尾蕨 *P. vittata*
    3. 侧生羽片较少，最多16对，下部的常不缩短…………………………全缘凤尾蕨 *P. insignis*
  2. 叶强度二型。
    4. 顶生羽片和上部羽片的基部明显下延，在叶轴两侧形成狭翅…………井栏凤尾蕨 *P. multifida*
    4. 叶轴两侧无翅……………………………………………………………阔叶凤尾蕨 *P. esquirolii*
1. 叶为二回羽状深裂（基部往往三回羽裂）；羽片披针形，有规则的篦齿状羽裂几达羽轴，基部一对羽片的基部下侧往往有1～3（4）枚篦齿状羽裂的、较短的小羽片。
  5. 裂片不育边缘有齿。
    6. 叶柄红色或深栗色；沿羽轴腹面的纵沟两边有啮蚀状或小齿状突出。

7. 孢子叶顶生羽片的裂片长2～3 cm，宽约0.7 cm；营养叶上的小脉通常伸达有较短刺尖头的齿基部……………………………………………………………**半边旗** *P. semipinnata*
7. 孢子叶顶生羽片的裂片长1～2 cm，宽0.3～0.5 cm；营养叶上的小脉通常伸入有长刺尖头的齿基部……………………………………………………………**刺齿半边旗** *P. dispar*
6. 叶柄禾秆色或栗褐色；沿羽轴腹面的纵沟两边有刺…………………**溪边凤尾蕨** *P. terminalis*
5. 裂片的不育边缘全缘，偶呈微波状。
8. 裂片先端有小突尖………………………………………………………**紫轴凤尾蕨** *P. aspericaulis*
8. 裂片先端无小突尖………………………………………………………**傅氏凤尾蕨** *P. fauriei*

紫轴凤尾蕨

Pteris aspericaulis Wall. ex Hieron.

植株高1～1.5 m。根状茎短而斜升。叶簇生；叶柄浅紫色或禾秆色；叶片干后近革质，灰绿色，边缘常为浅紫色，长圆状卵形，二回深羽裂或基部三回深羽裂；侧生羽片6～14对，披针形，篦齿状深羽裂几达羽轴，有长1～1.5 cm的柄；基部下侧有篦齿状深羽裂的小羽片17～25对，小羽片长圆形，边缘全缘或营养叶边缘偶呈微波状；羽轴背面隆起，腹面有狭纵沟；侧脉两面均明显。

生于山坡、山谷密林下或林缘；常见。

刺齿半边旗

Pteris dispar Kunze

植株高30～80 cm。根状茎斜升。叶簇生，近二型；叶柄与叶轴均为栗色，有光泽；叶片卵状长圆形，二回深羽裂或二回半边深羽裂；侧生羽片5～8对，与顶生羽片同形，尾状渐尖，两侧或仅下侧深羽裂几达羽轴，有时在下部1～2对羽片上再次篦齿状羽裂；侧脉明显，斜上，二叉，小脉伸达齿的软骨质刺尖头；叶片干后草质。

生于疏林下或路边灌木丛中；常见。　全草入药，具有清热解毒、涩肠止痢、活血、止血、散瘀、生肌的功效。

傅氏凤尾蕨

Pteris fauriei Hieron.

植株高50～90 cm。根状茎短，斜升。叶簇生；叶片卵状三角形，二回深羽裂（或基部三回深羽裂），干后纸质；侧生羽片3～9对，镰状披针形，具线状尖尾，篦齿状深羽裂达羽轴两侧的狭翅；裂片20～30对，斜展，镰状阔披针形；侧脉两面均显。孢子囊群线形，沿裂片边缘延伸，仅裂片先端不育；囊群盖线形，膜质，全缘，宿存。

生于山坡林下；常见。　全草入药，具有收敛、止血的功效。

全缘凤尾蕨
Pteris insignis Mett. ex Kuhn

植株高1～1.5 m。根状茎斜升。叶簇生；叶柄坚硬；叶片卵状长圆形，一回羽状；羽片6～14对，线状披针形，基部楔形，边缘全缘或波状并有软骨质边，基部一对羽片有时具1个短的小叉，中部以上的羽片能育，与顶生羽片同形；主脉背面隆起，侧脉两面均隆起。孢子囊群线形，着生于能育羽片的中上部，羽片的下部及先端不育；囊群盖线形，全缘。

生于山坡林下；少见。　全草入药，具有清热解毒、活血祛瘀、利尿的功效。

井栏凤尾蕨

Pteris multifida Poir.

多年生草本。根状茎短而直立，先端被黑褐色鳞片。叶多数，密而簇生，二型；营养叶卵状长圆形，一回羽状；羽片通常3对，线状披针形，边缘有不整齐的尖锯齿。孢子叶狭线形，上部几对羽片的基部下延，在叶轴两侧形成狭翅。孢子囊群沿叶缘连续分布。

生于路边草丛中；常见。　可作为良好的观赏植物；全草入药，具有清热利湿、解毒、凉血、收敛、止血、止痢的功效。

半边旗
Pteris semipinnata L.

多年生草本，植株高30～80 cm。根状茎长而横走，基部及叶柄基部被褐色鳞片。叶柄具4棱；叶近簇生，二回半边羽状深裂；顶生羽片阔披针形至长三角形，裂片6～12对，对生；侧生羽片4～7对，半三角形而略为镰刀状；营养叶边缘有细齿。孢子囊群线形，连续排列于叶缘。

生于路边灌木丛中；常见。 全草入药，具有清热解毒、祛风止痢、祛瘀消肿、止血生肌的功效。

溪边凤尾蕨

Pteris terminalis Wall. ex J. Agardh

植株高达180 cm。根状茎短而直立。叶簇生；叶柄禾秆色；叶片阔三角形，二回深羽裂；顶生羽片长圆状宽披针形，先端渐尖并为尾状，篦齿状深羽裂几达羽轴，裂片20～25对，镰状长披针形，顶部营养叶边缘有浅齿；侧生羽片 5～10对，与顶生羽片同形，基部一对最大，有时基部下侧分叉；羽轴禾秆色，腹面有浅纵沟，纵沟两侧具粗刺；侧脉仅背面可见。

生于山坡林下；常见。　全草入药，具有清热解毒、祛风解痉的功效。

蜈蚣凤尾蕨

Pteris vittata L.

多年生草本。根状茎直立，密被黄褐色鳞片。叶簇生；叶片倒披针状长圆形，一回羽状；顶生羽片与侧生羽片同形，互生或有时近对生；下部羽片较疏离；中部羽片最长，狭线形；营养叶的边缘具密齿。在成熟的植株上除下部缩短的羽片不育外，几乎全部羽片能育。

生于山坡林下或路边灌木丛中；常见。 全草入药，有清热解毒、消炎消肿、祛湿止痢、疗疮避疫的功效。

粉背蕨属 *Aleuritopteris* Fée

本属约有40种，分布于热带及亚热带地区。我国有29种；广西有8种；姑婆山有1种。

金粉背蕨

Aleuritopteris chrysophylla（Hook.）Ching

植株高5～15 cm。根状茎直立。叶簇生；叶柄红棕色或乌木色；叶片干后纸质或薄革质，腹面光滑，背面具金黄色的粉末，卵状三角形，基部心形，二回羽裂；侧生羽片 3～4对，近对生，无柄，基部一对最大，一回羽状深裂。孢子囊群由少数圆形孢子囊组成；囊群盖膜质，边缘波状；孢子球形，周壁近光滑。

生于山坡疏林下；少见。

铁线蕨属 *Adiantum* L.

本属有200多种，广布于世界各地，自寒温带到热带，尤以南美洲为最多。我国有34种；广西有15种；姑婆山有3种。

分种检索表

1. 叶片披针形，一回羽状……………………………………………………………鞭叶铁线蕨 *A. caudatum*
1. 叶片扇形，掌状，二回至三回二叉分枝或二回至四回羽状复叶。
   2. 叶片二回至三回掌状二叉分枝……………………………………………扇叶铁线蕨 *A. flabellulatum*
   2. 叶片二回至四回羽状分枝………………………………………………………圆柄铁线蕨 *A. induratum*

扇叶铁线蕨

Adiantum flabellulatum L.

多年生草本，高20～70 cm。根状茎短而直立，密被棕色的钻状披针形鳞片。叶簇生；叶柄亮紫黑色，叶轴、羽轴均呈黑褐色；叶片扇形，二回至三回掌状二叉分枝；羽片斜方状椭圆形至扇形，有短柄。孢子囊每羽片2～5个，横生于裂片上缘和外缘，以缺刻分开。

生于山坡林下；常见。　全株入药，具有清热利湿、祛瘀消肿、止血散结、止咳平喘的功效。

金粉蕨属 *Onychium* Kaulf.

本属约有10种，分布于亚洲、非洲的热带亚热带地区。我国约有8种；广西有3种；姑婆山有1种。

野雉尾金粉蕨

Onychium japonicum（Thunb.）Kunze

根状茎长而横走，疏被披针形鳞片。叶散生；叶柄基部褐棕色；叶片几和叶柄等长，干后灰绿色或绿色，卵状三角形或卵状披针形，先端渐尖，四回羽状细裂；羽片12～15对，基部一对最大，长圆披针形或三角状披针形；末回能育小羽片或裂片线状披针形；末回不育裂片短而狭，线形或短披针形；叶轴和各回育轴上面有浅沟；孢子囊群线状；囊群盖线形、短长圆形。

生于林下沟边或林缘；常见。　全草或根状茎入药，具有清热解毒、止血利湿的功效。

碎米蕨属 *Cheilanthes* Sw.

本属有100多种，分布于亚洲的热带亚热带地区，少数分布于大洋洲和南美洲。我国有7种；广西有4种；姑婆山有2种。

分种检索表

1. 根状茎短而直立；叶片两面无毛……………………………………………毛轴碎米蕨 *C. chusana*
1. 根状茎细长、横走；叶腹面疏被淡棕色柔毛，背面密被棕黄色厚绒毛…中华隐囊蕨 *C. chinensis*

毛轴碎米蕨
Cheilanthes chusana Hook.

多年生草本，高18～30 cm。根状茎短而直立，被栗黑色披针形鳞片。叶簇生；叶柄、叶轴深棕色，腹面两侧隆起的狭边上有粗短睫毛；叶片草质，二回羽状细裂，先端渐尖；羽片10～15对，近对生，略斜上。孢子囊群生于叶边小脉先端。

生于路旁、疏林下或溪边石缝中；常见。　全株入药，具有清热解毒、止血散瘀、止泻利尿、补肾的功效。

中华隐囊蕨

Cheilanthes chinensis（Baker）Domin

植株高达25 cm。根状茎细长，横走，密生黑棕色披针形鳞片。叶远生；叶柄深棕色，基部有鳞片；叶片纸质，柔软，腹面有卷曲的黄色被毛，背面密生黄棕色卷曲长毛，狭长圆形至狭卵形，基部心形，二回羽裂；羽片10～15对，无柄，第一对最大，三角状卵形；叶脉羽状分叉。孢子囊群生于近叶边的小脉先端；孢子囊少数，成熟时在叶边略可见。

生于林下阴湿崖壁上；少见。 全草入药，可用于痢疾。

凤丫蕨属 *Coniogramme* Fée

本属有25～30种，分布于亚洲东部至东南部、非洲及北美洲。我国有22种3变种；广西有10种；姑婆山有2种。

分种检索表

1. 叶片主脉两侧的小脉形成1～2（3）行网眼……………………………………………凤丫蕨 *C. japonica*
1. 叶片主脉两侧的小脉分离……………………………………………………………………美丽凤丫蕨 *C. venusta*

凤丫蕨
Coniogramme japonica（Thunb.）Diels

植株高80～120 cm。根状茎横走。叶远生，下部二回羽状，下部一回羽状；叶柄禾秆色，基部疏生披针形鳞片；叶片长圆状三角形；小羽片或中部以上的羽片狭长披针形，先端渐尖，基部楔形，边缘有疏细齿；叶脉网状，先端有伸达叶缘锯齿基部的纺锤状水囊。孢子囊群沿叶脉分布几达叶缘；无囊群盖。

生于山坡林下；常见。　全草入药，具有消肿解毒、祛风除湿、活血止痛、化痰止咳的功效。

美丽凤丫蕨

Coniogramme venusta Ching

植株高0.7～1.2 m。叶柄淡禾秆色；叶片干后草质，腹面褐绿色，背面灰绿色，无毛，三角状长圆形或长圆形，二回羽状；侧生羽片4～7对，基部一对最大，卵状三角形；侧生小羽片1～3对，基部下侧一片长披针形，尾状渐尖，基部圆楔形；羽片和小羽片边缘有疏短钝齿；侧脉先端的水囊纺锤形，伸达叶片边缘齿基部。孢子囊群沿侧脉的3/4分布。

生于山坡林下；常见。

书带蕨属 *Haplopteris* Presl

本属约有40种，主要分布于亚洲的热带亚热带地区。我国约有13种；广西有5种；姑婆山有1种。

书带蕨
Haplopteris flexuosa（Fée）E. H. Crane

多年生草本。根状茎横走，密被黄褐色鳞片。叶近生，常密集成丛；叶柄短，下部浅褐色，基部被小鳞片；叶片薄草质，线形，边缘反卷，遮盖孢子囊群。孢子囊群线形，生于叶缘内侧，叶片下部和先端的不育；孢子长椭圆形，无色透明，单裂缝。

附生于林下石壁上；少见。　全株入药，具有清热熄风、补虚、续筋骨的功效。

蹄盖蕨科 Athyriaceae

本科有5属约600多种，广泛分布于世界各地，以热带亚热带地区为多。我国有5属278种；广西有5属82种；姑婆山有2属11种1变种。

分属检索表

1. 孢子囊群着生于叶脉上侧边（有时下侧边也有）……………………………双盖蕨属 *Diplazium*
1. 孢子囊群着生于叶脉背面……………………………………………………………蹄盖蕨属 *Athyrium*

双盖蕨属 *Diplazium* Swartz

本属有300～400种，多分布于热带亚热带地区。我国有86种；广西有39种；姑婆山有10种1变种。

分种检索表

1. 叶为一回至多回羽状复叶。
  2. 羽片羽状分裂。
    3. 叶一回羽状，羽片多少羽裂或深波状。
      4. 叶片先端急缩羽裂渐尖……………………………………………假江南短肠蕨 *D. yaoshanense*
      4. 叶片先端羽裂渐尖。
        5. 羽片边缘锯齿状，基部不对称，上侧向上明显突出呈耳状…独山短肠蕨 *D. dushanense*
        5. 羽片边缘羽裂，基部对称或近对称。
          6. 叶较小，羽片通常长4～7 cm，宽1～1.5 cm……小叶短肠蕨 *D. mettenianum* var. *fauriei*
          6. 叶较大，羽片长达20 cm，宽3～5 cm。
            7. 羽片浅裂…………………………………………………………江南短肠蕨 *D. mettenianum*
            7. 羽片深裂至全裂，裂片呈镰形………………………………镰羽短肠蕨 *D. griffithii*
    3. 叶二回羽状至多回羽状复叶。
      8. 孢子囊群短，卵圆形或长圆形；囊群盖膨胀，呈短肠形。
        9. 孢子囊群生于叶脉上部或近顶部，靠近叶片边缘……………边生短肠蕨 *D. conterminum*
        9. 孢子囊群生于叶脉基部腋间或中部以下…………………………光脚短肠蕨 *D. doederleinii*
      8. 孢子囊群长线形；囊群盖平坦，线形………………………………毛柄短肠蕨 *D. dilatatum*
  2. 羽片非羽状分裂。
    10. 羽片边缘自基部向上有明显的锯齿………………………………薄叶双盖蕨 *D. pinfaense*
    10. 羽片全缘或中部以上略有锯齿……………………………………厚叶双盖蕨 *D. crassiusculum*
1. 叶为单叶……………………………………………………………………………单叶对囊蕨 *D. lancea*

厚叶双盖蕨

Diplazium crassiusculum Ching

植株高达1.6 m。根状茎直立或斜升。叶簇生；叶片厚纸质，长圆形，奇数一回羽状；顶生羽片与侧生羽片同大或略大；侧生羽片基部圆楔形，有柄，边缘从中部以上有细齿；侧脉每组有小脉3～4条。孢子囊群长条形，生于每组小脉上侧，单生每组小脉仅有1个孢子囊群；囊群盖同形。

生于山坡林下；常见。　全草入药，具有清热凉血、利尿、通淋的功效。

边生短肠蕨

Diplazium conterminum Christ

植株高70～100 cm。根状茎直立或斜升，顶部被黑色披针形鳞片。叶簇生或近生；叶柄禾秆色，基部被鳞片；叶片卵状披针形，先端渐尖并羽裂，二回羽状；羽片8～11对，有羽柄，长圆状披针形，基部一对较大；小羽片或裂片略平展，长圆状披针形，边缘有锯齿或浅圆裂；叶脉羽状，小脉二叉，少单一。孢子囊群长圆形，着生于小脉上部或近顶部；囊群盖短肠形，成熟时沿背部破裂。

生于山坡林下；常见。

毛柄短肠蕨
Diplazium dilatatum Blume

植株高1～1.5 m。根状茎直立，顶部密被条形鳞片。叶簇生；叶柄禾秆色，下部有密鳞片；叶片草质，无毛，三角形，先端渐尖并羽裂，二回羽状；羽片斜上，基部一对最大；小羽片披针形，渐尖头，基部近截形，边缘具圆齿或羽裂。孢子囊群条形，生于小脉中部以下，在基部上侧小脉上的双生，余单一；囊群盖同形，宿存。

生于阔叶林下阴湿处；常见。　根状茎入药，具有清热解毒、除湿驱虫的功效。

光脚短肠蕨

Diplazium doederleinii（Luerssen）Makino

植株高60 cm。根状茎横走，被鳞片。叶丛生；叶柄基部疏被棕色披针形鳞片；叶片近革质，两面无毛，卵状披针形，先端羽裂渐尖，以下为二回羽状；羽片8～10对，长圆状披针形，渐尖头，基部圆截形，羽状深裂；裂片长圆形，先端圆头或截形，两侧近全缘或有齿；叶脉羽状分离。孢子囊群线形；囊群盖同形。

生于山坡林下；常见。

独山短肠蕨

Diplazium dushanense（Ching ex W. M. Chu et Z. R. He）R. Wei et X. C. Zhang

根状茎斜升，具肉质褐色须根，先端密被披针形鳞片。叶簇生；叶柄浅绿禾秆色；叶片草质，干后灰绿色，卵状三角形或近三角形，一回羽状或基部近二回羽状；侧生羽片6～10 对，披针形，先端渐尖，基部不对称，上侧呈耳状突起，下侧斜切，边缘羽状半裂至全裂。孢子囊群线形，稍弯曲；囊群盖线形，褐色，厚膜质，全缘，宿存。

生于山坡林下；常见。

镰羽短肠蕨

Diplazium griffithii T. Moore

根状茎横卧。叶近生至簇生；叶柄向上禾秆色；叶片干后坚草质，灰绿色，两面光滑，三角形，羽裂渐尖；侧生羽片8～10对，稍斜上或平展，镰状披针形，不对称，先端尾状长渐尖，基部浅心形或阔楔形，两侧羽状深裂或下部羽状。叶轴绿禾秆色，光滑。孢子囊群短线形，多单生于小脉上侧；囊群盖成熟时褐色，膜质，边缘全缘，从外侧张开，宿存。

生于山坡林下；常见。

单叶对囊蕨

Deparia lancea（Thunb.）Fraser-Jenk.

多年生草本。根状茎细长，横走，被黑色或棕褐色鳞片。叶远生；叶柄淡灰色，基部被褐色鳞片；叶片披针形或线状披针形，边缘全缘或稍呈波状，中脉两面均明显，小脉斜展，直达叶片边缘。孢子囊群线形，多分布于叶片上半部，每组小脉上常有1条；囊群盖成熟时膜质，浅褐色。

生于山坡林下；常见。　全草入药，具有清热凉血、止血、利尿通淋的功效。

江南短肠蕨

Diplazium mettenianum（Miq.）C. Chr.

根状茎长而横走，先端密被黑色披针形鳞片。叶远生；叶柄基部褐色；叶片纸质至革质，干后绿色或灰绿色，三角形或三角状阔披针形，先端羽裂渐尖，一回羽状；侧生羽片约10对，互生或近对生，镰状披针形或长圆状披针形，两侧羽状浅裂至深裂，基部截形或阔楔形；基部羽片具长柄。孢子囊群线形，略弯曲；囊群盖浅褐色，薄膜质，边缘全缘，宿存。

生于山坡林下；常见。

薄叶双盖蕨
Diplazium pinfaense Ching

植株高30～55 cm。根状茎粗短，直立或略斜升，顶部密被鳞片。叶簇生；叶柄禾秆色；叶片纸质或草质，卵状长圆形，一回羽状；侧生羽片2～4对，具短柄，长圆状披针形，先端渐尖，基部圆楔形，边具细齿；顶生羽片与侧生羽片同大或稍大；中脉明显，侧脉分叉。孢子囊群线形，单生于小脉上侧；囊群盖线形，膜质。

生于山坡林下；常见。

假江南短肠蕨
Diplazium yaoshanense（Y. C. Wu）Tardieu

常绿中型林下植物。根状茎细长横走，被黑色披针形鳞片。叶远生；孢子叶可达1 m；叶片干后厚纸质或近革质，两面光滑，三角状阔披针形，一回羽状；侧生羽片6～8对，矩圆披针形或镰状披针形，基部斜圆形或浅心形，边缘羽裂，叶脉羽状。孢子囊群线形，单生于小脉上侧或在叶脉基部上侧一脉双生；囊群盖薄膜质，边缘全缘，宿存。

生于山坡林下；常见。

蹄盖蕨属 *Athyrium* Roth

本属约有220种，分布于亚洲的亚热带和温带的高山。我国有123种；广西有25种；姑婆山仅1种。

光蹄盖蕨
Athyrium otophorum（Miq.）Koidz.

根状茎短，顶端斜升。叶簇生；叶柄基部黑褐色，向上略带淡紫红色，光滑；叶片干后纸质，浅褐色，两面无毛，长卵形或三角状卵形，先端急狭缩，基部不变狭，二回羽状；羽片约15对，无柄或有极短柄，披针形，先端长渐尖，基部截形，一回羽状。叶轴和羽轴背面淡紫红色，光滑。孢子囊群长圆形或短线形，生于叶片边缘与主脉中间，近主脉；囊群盖同形，浅褐色，膜质，全缘，宿存。

生于常绿阔叶林或竹林下阴湿处；常见。

金星蕨科 Thelypteridaceae

本科有20属约1000种，主要分布于热带亚热带地区。我国有18属199种；广西有14属69种；姑婆山有7属15种。

分属检索表

1. 叶脉分离。
  2. 孢子囊群无盖。
    3. 孢子囊群圆形……………………………………………………………针毛蕨属 *Macrothelypteris*
    3. 孢子囊群长形或椭圆形，偶为卵圆形……………………………………………卵果蕨属 *Phegopteris*
  2. 孢子囊群有盖。
    4. 羽片基部下面不具气囊体，裂片基部一对叶脉伸达不具软骨质的缺刻以上的边缘；叶片背面具橙色球形腺体……………………………………………………………金星蕨属 *Parathelypteris*
    4. 羽片基部下面有1个疣状突起的褐色气囊体，裂片基部一对叶脉或仅上侧一脉伸达有软骨质的缺刻；叶片背面无腺体……………………………………………………假毛蕨属 *Pseudocyclosorus*
1. 叶脉联结。
  5. 叶脉部分连结成星毛蕨型或新月蕨型；孢子囊群圆形或线形。
    6. 孢子囊群有盖；羽片深羽裂，缺刻内有棕色透明膜；叶片背面往往有黄色或橙色腺体……………………………………………………………………………………毛蕨属 *Cyclosorus*
    6. 孢子囊群无盖，或发育不良而早落；羽片边缘浅羽裂或近全缘，缺刻内无棕色透明膜；叶片背面无腺体……………………………………………………………………新月蕨属 *Pronephrium*
  5. 叶脉全部连结成网形；孢子囊沿网脉散生…………………………………………圣蕨属 *Dictyocline*

毛蕨属 *Cyclosorus* Link

本属约有250种，广泛分布于热带亚热带地区。我国约有40种；广西有19种；姑婆山有5种。

分种检索表

1. 羽片背面无腺体。
  2. 囊群盖小，被针状毛……………………………………………………………美丽毛蕨 *C. molliusculus*
  2. 囊群盖大，孢子囊群被短毛或近无毛。
    3. 中部羽片的基部对称，即基部两侧裂片等长……………………………………齿牙毛蕨 *C. dentatus*
    3. 中部羽片的基部不对称，即上侧裂片较下侧的长…………………………渐尖毛蕨 *C. acuminatus*
1. 羽片背面具腺体。
  4. 根状茎长而横走；叶片基部不缩短……………………………………………华南毛蕨 *C. parasiticus*
  4. 根状茎短而直立或斜升；叶片基部常缩短，具明显顶生叶片……………宽羽毛蕨 *C. latipinnus*

渐尖毛蕨

Cyclosorus acuminatus（Houtt.）Nakai

植株高70～80 cm。根状茎长而横走，顶端密被棕色鳞片。叶2列，远生；叶片长圆状披针形，先端尾状渐尖并羽裂，基部不变狭，二回羽裂；羽片13～18对，互生，披针形，先端长渐尖。孢子囊群大，圆形，着生于叶下侧脉中部以上，每裂片5～8对；囊群盖圆肾形，密生柔毛。

生于疏林下或路边灌木丛中；常见。　全株入药，具有清热解毒、消炎、健脾、镇惊的功效。

齿牙毛蕨

Cyclosorus dentatus（Forssk.）Ching

植株高30～70 cm。根状茎短，直立或横卧。叶近生或簇生；叶柄密被灰白色硬毛；叶片薄纸质，长圆状披针形，两面密被短毛，羽轴和中脉两面被短硬毛，二回羽裂；侧生羽片 12～18对，披针形；侧脉每裂片7～8对，基部一对交结。孢子囊群圆形，生于侧脉中部；囊群盖圆肾形，密被短柔毛。

生于山坡、山谷疏林下或路边灌木丛中；常见。 全株入药，具有舒筋活络、祛风散寒、活血化瘀的功效。

宽羽毛蕨
Cyclosorus latipinnus（Benth.）Tardieu

植株高20～30 cm。根状茎短而直立或斜生，顶端及叶柄基部疏被深棕色披针形鳞片。叶簇生；叶片纸质，长圆状披针形，腹面近无毛，背面密被短柔毛，二回浅羽裂；羽片4～6对，披针形，顶生羽片最大；中部羽片顶渐尖，边缘浅羽裂；下部羽片逐渐缩短至变成耳形或蝶形；基部一对侧脉出自中脉基部以上，先端交结。孢子囊群圆形，生于侧脉近先端；囊群盖小，被短柔毛。

生于山坡疏林或密林中，或林缘路边；常见。

美丽毛蕨

Cyclosorus molliusculus（Wall. ex Kuhn）Ching

植株高达1.1 m。根状茎长而横走。叶近生；叶柄灰褐色，向上为禾秆色；叶片草质，干后淡褐绿色，两面仅沿叶轴、羽轴和叶脉疏生细长针状毛，长圆披针形，二回深羽裂；羽片约30对，无柄，披针形，羽裂深达羽轴两侧的阔翅。孢子囊群小，生于侧脉基部稍上处；囊群盖淡棕色，膜质，被针状毛，宿存。

生于山坡路边；少见。

华南毛蕨

Cyclosorus parasiticus（L.）Farw.

植株高达70 cm。根状茎横走，连同叶柄基部被深棕色披针形鳞片。叶近生；叶柄深禾秆色，基部以上偶被柔毛；叶片长圆披针形，先端羽裂，尾状渐尖头，基部不变狭，二回羽裂。孢子囊群圆形，生于侧脉中部以上，每裂片1～6对；囊群盖小，膜质，棕色，上面密生柔毛。

生于疏林下或路边灌木丛中；常见。 全株入药，具有祛风、除湿、清热、止痢的功效。

圣蕨属 *Dictyocline* T. Moore

本属有4种，主要分布于中国长江以南各省区，东至日本，西至印度，南达越南。我国4种均产；广西有3种；姑婆山有1种。

戟叶圣蕨

Dictyocline sagittifolia （Ching）L. J. He et X. C. Zhang

植株高30～40 cm。根状茎疏被褐色线状披针形鳞片；鳞片边缘有长睫毛。叶簇生；叶柄密被棕色短刚毛；叶片戟形，短渐尖头，基部深心脏形，边缘全缘或有时波状；主脉两面均隆起，侧脉斜展，侧脉间有5～7条明显的纵隔脉，分隔成长方形的大网眼，尤以主脉两侧的网眼内最多，网眼有单一或分叉的内藏小脉。孢子囊沿网脉散生。

生于山坡林下；常见。 根茎入药，可用于小儿惊风。

针毛蕨属 *Macrothelypteris*（H. Ito）Ching

本属约有10种，分布于亚洲的热带亚热带地区、大洋洲东北部和太平洋岛屿。我国有7种；广西有3种；姑婆山有2种。

分种检索表

1. 羽片背面被开展的多细胞针状毛……………………………………………………普通针毛蕨 *M. torresiana*
1. 羽片背面光滑或被单细胞针状毛………………………………………………………针毛蕨 *M. oligophlebia*

普通针毛蕨
Macrothelypteris torresiana（Gaud.）Ching

植株高50～70 cm。根状茎顶部密被条状披针形鳞片。叶簇生，三回羽状；叶柄长30～50 cm；叶片草质，三角状卵形，背面有灰白色多细胞长毛，腹面仅沿小羽轴和主脉略有针状毛，基部一对羽片较大，长圆披针形，仅基部一对小羽片略短，末回小羽片以狭翅相连。孢子囊群小，生于侧脉近先端；囊群盖圆肾形。

生于山坡林下；常见。 全株入药，可用于水肿、痈毒。

金星蕨属 *Parathelypteris*（H. Ito）Ching

本属约有60种，广泛分布于亚洲的热带和亚热带地区至太平洋诸岛。我国有24种；广西有10种；姑婆山有3种。

分种检索表

1. 叶柄下部呈淡禾秆色，基部光滑或略有疏短毛；孢子囊群生于叶脉先端较近叶片边缘……金星蕨 *P. glanduligera*

1. 叶柄下部全部呈栗色或栗棕色；孢子囊群中生。

  2. 叶片背面具球形腺体……光脚金星蕨 *P. japonica*

  2. 叶片背面不具腺体……滇越金星蕨 *P. indochinensis*

金星蕨

Parathelypteris glanduligera（Kunze）Ching

植株高30～60 cm。根状茎长而横走，顶端被披针形鳞片。叶近生；叶柄栗色或近黑色，疏生鳞片，叶轴和羽轴均密生棕色短粗毛；叶片草质，长圆状三角形，二回羽状深裂；羽片12～15对，阔三角形至长圆形，羽状深裂；小羽片15～20对，钝头至急尖头，全缘；叶脉不明显。孢子囊群生于脉端，沿裂片缘内排列；囊群盖棕色，几达主脉，内缘啮蚀状。

生于山坡疏林或林缘灌木丛中；常见。 叶入药，具有清热、消炎、凉血、止血、止痢的功效。

滇越金星蕨

Parathelypteris indochinensis（Christ）Ching

植株高约60 cm。根状茎短而横卧。叶近簇生；叶柄黑色，基部被灰白色长针状毛，向上呈灰禾秆色；叶片革质，干后灰绿色，披针形，基部二回羽状深裂；下部的羽片不缩短，卵状披针形向羽轴渐狭，深裂；中部羽片基部不缩短，裂片长而斜展，线形，具圆齿，被腺毛；叶脉单一。孢子囊群圆形；囊群盖小，被硬糙毛。

生于山坡林下；常见。

光脚金星蕨

Parathelypteris japonica（Bak.）Ching

植株高50～60 cm。根状茎短，横卧或斜升，疏被棕色毛和披针形鳞片。叶近生或簇生；叶柄栗褐色；叶片薄草质，卵状长圆形，腹面沿羽轴密被针状毛，背面沿羽轴和中脉及叶缘均被灰白色疏柔毛和橙色球形腺体，二回深羽裂；羽片15～20对，披针形，深羽裂，基部一对不缩短；侧脉单一，伸达羽片边缘。孢子囊群圆形，背生于侧脉中部以上，靠近叶片边缘；囊群盖圆形，被灰白色柔毛，宿存。

生于山坡疏林下或林缘灌木丛中；常见。

卵果蕨属 *Phegopteris*（C. Presl）Fee

本属有4种，分布于北半球亚热带和温带地区。我国有3 种；广西有1 种；姑婆山有1种。

延羽卵果蕨

Phegopteris decursive-pinnata（H. C. Hall）Fée

根状茎短而直立，连同叶柄基部被具长缘毛的狭披针形鳞片。叶簇生；叶柄淡禾秆色；叶片披针形，先端渐尖并羽裂，向基部渐变狭，二回羽裂，或一回羽状且边缘具粗齿；羽片20～30对，互生，中部的最大，狭披针形，先端渐尖，基部阔而下延，在羽片间彼此以圆耳状或三角形的翅相连，羽裂达1/3～1/2；裂片斜展，卵状三角形，钝头。孢子囊群近圆形，背生于侧脉的近先端，无盖。

生于常绿阔叶林下；少见。 根状茎入药，具有清热解毒、利湿消肿、收敛、疗疮生肌的功效。

新月蕨属 *Pronephrium* Presl

本属约有61种，分布于亚洲的热带亚热带地区。我国约有18种；广西有8种；姑婆山有2种。

分种检索表

1. 孢子囊群有盖……………………………………………………………新月蕨 *P. gymnopteridifrons*
1. 孢子囊群无盖…………………………………………………………红色新月蕨 *P. lakhimpurense*

新月蕨

Pronephrium gymnopteridifrons（Hayata）Holttum

植株高1～1.5 m。叶远生；叶柄长达1 m；叶片近革质，阔卵形，背面密被刚毛，奇数一回羽状；羽片7～9对，互生，长椭圆形，先端长尾状，基部狭楔形，边缘浅波状或有齿；小脉12～18对，联结成斜方形网眼。孢子囊群圆形，生于小脉中部；囊群盖被刚毛。

生于山坡林下；常见。

红色新月蕨

Pronephrium lakhimpurense（Rosenst.）Holttum

植株高达1.5 m。叶远生；叶柄长达70 cm；叶片薄纸质；奇数一回羽状；侧生羽片8～12对，同大，阔披针形，基部圆形，先端渐尖，边缘全缘或略波状，干后变红色或褐红色；侧脉间的小脉除近边缘2～3对分离外，有14～15对联结成2行斜方网眼。孢子囊群圆形，生于小脉中部或稍上处；囊群无盖，无毛。

生于山坡林下；常见。 根状茎入药，具有清热、消炎、止血的功效。

假毛蕨属 *Pseudocyclosorus* Ching

本属约有50种，分布于热带亚热带地区。我国约有38种；广西有6种；姑婆山有1种。

假毛蕨

Pseudocyclosorus tylodes（Kunze）Holttum

植株高达120 cm。根状茎直立。叶簇生；叶柄长达40 cm；叶片厚草质，披针形，二回羽状深裂；羽片约24对，下部多对骤缩成小瘤状气囊体，线状披针形，羽状深裂；侧脉单一，基部一对伸达裂片缺刻。孢子囊群圆形，生于侧脉基部，近主脉；囊群盖肾形，光滑。

生于疏林下或路边灌木丛中；常见。

铁角蕨科 Aspleniaceae

本科约有10属700种，广泛分布于全球，主要分布于热带地区。我国有2属108种；广西有2属62种；姑婆山有1属5种。

铁角蕨属 *Asplenium* L.

本属约有700种，分布于全球，以热带地区最多。我国约有90种；广西有52种；姑婆山有5种。

分种检索表

1\. 叶片草质、纸质或革质，干后表面不皱缩；末回裂片或羽片不为线形，有多条叶脉及多个孢子囊群。

  2\. 叶片一回羽状；羽片为近对开式的不等边四边形……………………倒挂铁角蕨 *A. normale*

  2\. 叶片一回至四回羽状或羽裂；羽片不为对开式的不等边四边形。

    3\. 叶片一回羽状；羽片披针形，边缘有锯齿或圆齿……………………狭翅铁角蕨 *A. wrightii*

    3\. 叶片一回至四回羽状；羽片形状多样，但不为长披针形，边缘不同程度分裂。

      4\. 叶片四回羽裂……………………………………………………细裂铁角蕨 *A. tenuifolium*

      4\. 叶片一回羽状或二回羽裂……………………………………胎生铁角蕨 *A. indicum*

1\. 叶片近肉质，通常多汁，干后表面略皱缩；末回小羽片线形，仅有1条叶脉或1条线形的孢子囊群……………………………………………………………………长叶铁角蕨 *A. prolongatum*

倒挂铁角蕨
Asplenium normale D. Don

植株高15～40 cm。根状茎直立或斜升，粗壮，黑色，密被黑褐色鳞片。叶簇生；叶柄栗褐色至紫黑色，基部疏被鳞片；叶片披针形，一回羽状；羽片20～44对，互生，平展，无柄，中部羽片同大；草质至薄纸质，两面无毛。孢子囊群椭圆形，棕色，远离主脉伸达叶缘，彼此疏离。

生于疏林下石壁上；常见。 酸性土指示植物；全草入药，具有清热解毒、镇痛止血、活血散瘀的功效。

胎生铁角蕨

Asplenium indicum Sledge

植株高达40 cm。根状茎直立，密被线状披针形棕褐色鳞片。叶簇生；叶柄幼时有披针形鳞片；叶片革质，线状披针形，先顶尾状渐尖，一回羽状或二回羽裂；羽片12～18对，有柄，斜卵形，先端渐尖，上缘及下缘有缺刻的齿或浅羽裂，中部或下部羽片较大；侧脉分叉。孢子囊群线形，沿小脉着生；囊群盖线形，全缘。

生于山坡林下；常见。　全草入药，具有舒筋活血的功效，可用于腰痛、跌打损伤。

长叶铁角蕨

Asplenium prolongatum Hook.

植株高15～30 cm。根状茎短而直立，先端密被鳞片。叶簇生；叶轴顶端往往延长成鞭状而生根；叶片线状披针形，二回羽状；羽片20～24对，互生，斜向上，近无柄，彼此密接，下部羽片常不缩短；叶脉明显，每小羽片或裂片有1条小脉。孢子囊群狭线形，沿小脉着生。

生于山坡林下；常见。　全株入药，具有清热解毒、消炎止血、止咳化痰的功效。

狭翅铁角蕨

Asplenium wrightii Eaton ex Hook.

植株高达1 m。根状茎粗短，直立，顶端密生披针形鳞片。叶簇生；叶柄连同叶轴疏生卷曲棕色鳞片；叶片纸质，背面疏生小鳞片及棒状毛，狭卵形，先端尾状渐尖，一回羽状；羽片12～24对，有短柄，披针形，边缘有开张的齿，基部偶有1～2对裂片，下部羽片较大；叶脉羽状，侧脉二回分叉，不达叶缘。孢子囊群线形，沿上侧小脉着生；囊群盖线形，边缘波状，厚膜质，宿存。

生于山坡林下；常见。　根状茎入药，可用于疮疡中毒。

乌毛蕨科 Blechnaceae

本科有14属约250种，全球广泛分布，主产于南半球热带地区。我国有8属14种；广西有5属10种；姑婆山有3属3种。

分属检索表

1. 孢子囊群长线形，连续不中断……………………………………………………**乌毛蕨属** *Blechnum*
1. 孢子囊群椭圆形或线形，不连续；每个网眼内有1个孢子囊群。
  2. 植株高大，根状茎直立或斜升；叶簇生，侧生羽片不合生，彼此分离；孢子囊群外侧有1～2列网眼，小脉向叶边分离……………………………………………………**狗脊蕨属** *Woodwardia*
  2. 植株细瘦，根状茎长而横走；叶散生，侧生羽片合生，沿叶轴两侧以狭翅彼此相连；孢子囊群外侧的叶脉均为网状……………………………………………………**崇澍蕨属** *Chieniopteris*

乌毛蕨属 *Blechnum* L.

本属约有200种，分布于热带地区，主要分布于南半球。我国有1种；姑婆山亦有。

乌毛蕨
Blechnum orientale L.

植株高1～2 m。根状茎粗短，直立，连同叶柄基部密生钻状披针形鳞片。叶簇生；叶柄坚硬，基部以上无鳞片；叶片长阔披针形，一回羽状；羽片多数，下部数对缩短，最下部的骤成耳片，中部羽片条状披针形，基部圆楔形，无柄，边缘全缘；侧脉细密，分叉少，单一。孢子囊群条形，沿主脉两侧着生；囊群盖同形，开向主脉。

生于阔叶林、竹林中或林缘；常见。　根状茎入药，具有清热解毒、抗菌杀虫、止血的功效。

崇澍蕨属 *Chieniopteris* Ching

本属有2种，主要分布于我国南部，向南达越南北部，向东至日本南部诸岛屿。我国有2种；广西2种均产；姑婆山有1种。

崇澍蕨

Chieniopteris harlandii（Hook.）Ching

植株高达1.2 m。根状茎长而横走，密被棕色披针形鳞片。叶远生，近二型；叶片厚纸质至近革质，无毛；营养叶较小，叶柄禾秆色；叶片通常3裂；孢子叶较大，阔卵形，深羽裂或近羽裂；下部羽片带状披针形，基部沿叶轴下延成狭翅；叶脉全部网状。孢子囊群粗线形，生于主脉两侧，紧靠主脉；囊群盖同形，纸质，开向主脉或侧脉，成熟时向外反卷。

生于山坡林下；常见。　根状茎入药，具有祛风除湿的功效。

狗脊蕨属 *Woodwardia* Smith

本属有12种，分布于亚洲、欧洲及美洲的热带至温带地区。我国约有10种；广西有3种；姑婆山有1种。

狗脊蕨

Woodwardia japonica（L. f.）Sm.

植株高65～90 cm。根状茎密生红棕色披针形大鳞片。叶簇生；叶片长圆形，二回羽裂；羽片披针形，基部不对称，羽状半裂至深裂，裂片三角状长圆形，基部下侧的缩成圆耳形，边缘具齿；叶脉有1～2行网眼。孢子囊群线形，生于主脉两侧相对的网脉上；囊群盖线形，草质，在外侧边缘着生于网脉，成熟时开向主脉或羽轴。

生于山坡林中；常见。　酸性土指示植物；根茎入药，具有杀虫、清热、解毒、凉血、止血的功效。

鳞毛蕨科 Dryopteridaceae

本科有25属约2100种，广泛分布于全球，主产于亚热带及温带地区。我国有10属493种；广西有9属165种；姑婆山有6属25种。

分属检索表

1. 叶通常一型；孢子囊群顶生或背生于小脉。
  2. 囊群盖圆肾形，以深缺刻着生，偶为无盖。
    3. 根状茎粗短而直立；叶簇生或偶有近生，1～4 回羽状，若为二回羽状，各回小羽片均为下先出……………………………………………………………………鳞毛蕨属 *Dryopteris*
    3. 根状茎长而横走；叶散生，3～4 回羽状（偶为一回羽状），若为二回以上羽状，则各回小羽片均为上先出……………………………………………………复叶耳蕨属 *Arachniodes*
  2. 囊群盖圆形，膜质，全缘，盾状着生，或椭圆形，革质，以外侧边缘中部着生；或为无盖。
    4. 叶脉网状，网眼内有1～3 条能育内藏小脉……………………………………贯众属 *Cyrtomium*
    4. 叶脉分离………………………………………………………………………………耳蕨属 *Polystichum*
1. 叶二型；孢子囊群满布于能育羽片下面。
  5. 叶片羽状，叶脉明显，草质…………………………………………………………实蕨属 *Bolbitis*
  5. 叶片全缘，叶脉不明显，叶质肥厚，革质………………………………………舌蕨属 *Elaphoglossum*

复叶耳蕨属 *Arachniodes* Blume

本属约有60种，广泛分布于热带亚热带地区，主产于亚洲东部和东南部。我国有40种；广西有23种；姑婆山有8种。

分种检索表

1. 孢子囊群背生于小脉上；小羽片或裂片边缘通常有钝齿…………………大片复叶耳蕨 *A. cavaleriei*
1. 孢子囊群顶生或近顶生于小脉上；小羽片边缘有尖齿，齿尖通常有芒刺。
  2. 叶片先端长尾状；顶生羽片与中部的侧生羽片同形且等大。
    3. 叶柄基部被栗棕色、卵状披针形鳞片……………………………………多羽复叶耳蕨 *A.amoena*
    3. 叶柄基部鳞片非上述形态。
      4. 孢子囊群近叶缘生……………………………………………………斜方复叶耳蕨 *A. amabilis*
      4. 孢子囊群中生，即生于中脉与叶缘中间…………………………刺头复叶耳蕨 *A. aristata*
  2. 叶片先端缩狭成长渐尖；顶生羽片与中部的侧生羽片不同形也不等大。
    5. 叶片四回羽状……………………………………………………………黑鳞复叶耳蕨 *A. nigrospinosa*
    5. 叶片二回至三回羽状。
      6. 小羽片或末回小羽片镰刀形；基部羽片披针形、长圆状披针形或长三角形。
        7. 叶片二回羽状………………………………………………………粗裂复叶耳蕨 *A. grossa*
        7. 叶片三回羽状………………………………………………………中华复叶耳蕨 *A. chinensis*
      6. 小羽片或末回小羽片非镰刀形；基部羽片长圆形、卵状披针形或三角形……………………………………………………………………………………………美观复叶耳蕨 *A. speciosa*

斜方复叶耳蕨
Arachniodes amabilis（Blume）Tindale

植株高50～80 cm。根状茎横卧，连同叶柄基部密被棕色披针形鳞片。叶柄禾秆色，基部以上光滑或有少数鳞片；叶片卵状长圆形，尾尖，三回（偶二回）至四回羽裂；侧生羽片5～7对，基部一对最大，顶生一枚羽片与侧生羽片同形；末回小羽片近三角形或斜菱形，边生刺头粗齿。孢子囊群生于小脉先端，靠近齿基部；囊群盖圆肾形，边缘有睫毛或全缘。

生于山坡林下；常见。　根状茎入药，具有祛风散寒的功效，可用于关节疼痛。

多羽复叶耳蕨

Arachniodes amoena（Ching）Ching

植株高60～90 cm。根状茎长而横卧，顶部密生深棕色卵状披针形厚鳞片。叶近生；叶柄禾秆色，基部密生深棕色卵状披针形厚鳞片；叶片近五角形，二回羽状或基部四回羽裂；侧生羽片3～6对，基部一对最大，顶生一枚羽片和侧生羽片同形；末回小羽片三角状披针形，浅裂至深裂，裂片先端有几枚刺状粗齿。孢子囊群生于末回小羽片或裂片上侧；囊群盖圆肾形，全缘。

生于山坡林下；常见。　全株入药，具有祛风散寒的功效。

刺头复叶耳蕨

Arachniodes aristata（G. Forst.）Tindale

植株高30～90 cm。根状茎长而横走，密被棕褐色钻状鳞片。叶柄禾秆色，连同叶轴和羽轴被棕褐色披针形小鳞片；叶片卵状三角形，先端骤狭成尾状渐尖，三回羽状；侧生羽片5～8对，有柄，基部一对最大，卵状三角形；末回羽片长圆形，边缘浅裂或具长芒刺状齿；侧脉2～4叉。孢子囊群圆形，生于小脉先端，位于中脉和叶缘之间；囊群盖圆肾形，早落。

生于山坡、山谷密林中或林缘路边；常见。 根状茎入药，具有清热、消炎、收敛、止痢的功效。

大片复叶耳蕨

Arachniodes cavaleriei（Christ）Ohwi

植株高60～110 m。根状茎斜升，密被黄褐色长披针形鳞片。叶近生；叶柄长40～80 cm；叶片近三角形，先端骤缩成渐尖，基部不缩狭，二回至三回羽状；羽片4～7对，基部一对最大，卵状三角形，基部下侧1枚小羽片较长，深羽裂或一回羽状；末回小羽片较粗大。孢子囊群圆形，背生于小脉中部；囊群盖肾形，早落。

生于山坡林下；常见。

中华复叶耳蕨
Arachniodes chinensis（Rosenst.）Ching

植株高40～65 cm。叶柄禾秆色，基部密被褐棕色鳞片，向上连同叶轴被小鳞片。叶片光滑，羽轴背面密被黑褐色、线状钻形小鳞片，卵状三角形，二回或三回羽状；侧生羽片8对，有柄，基部一对较大，三角状披针形；末回小羽片9对，长圆形，上部边缘具长芒刺状齿。孢子囊群每小羽片5～8对，位于中脉与叶缘之间；囊群盖棕色，近革质，脱落。

生于山坡、山谷密林中或林缘路边；常见。　全株入药，具有清热解毒、消肿散瘀、止血的功效。

粗裂复叶耳蕨

Arachniodes grossa（Tardieu et C. Chr.）Ching

植株高达2 m。根状茎短而横走，连同叶柄下部密被鳞片。叶柄具4棱；叶片三角形，先端略呈三角形且深羽裂几达叶轴，基部三回深羽裂，上部为二回深羽裂至二回羽状；侧生羽片6～8对，基部一对羽片最大，三角状披针形，先端渐尖而呈羽裂，下部有几对分离小羽片；小羽片有短柄，镰状披针形；叶脉每组3～4对，小脉单一。孢子囊群圆形，生于小脉先部；囊群盖早落。

生于沟谷林中；少见。

黑鳞复叶耳蕨
Arachniodes nigrospinosa（Ching）Ching

植株高80～120 cm。叶柄深禾秆色，密被黑色阔披针形鳞片。叶片干后草质，暗绿色，光滑，长圆状卵形，四回羽状；羽片约12对，互生，有柄，基部一对最大，近三角形；一回小羽片约20对，互生，有柄，阔披针形；二回小羽片约18对，互生，有短柄，卵状长圆形；末回小羽片3～6对，卵状长圆形，边缘深羽裂。孢子囊群每裂片基部上侧1枚；囊群盖暗棕色，纸质，脱落。

生于山坡林下；常见。

美观复叶耳蕨

Arachniodes speciosa（D. Don）Ching

植株高达95 cm。叶柄棕禾秆色，基部密被褐棕色卵状披针形鳞片；叶片干后薄纸质，棕色；阔卵状五角形，三回羽状；侧生羽片约6对，基部一对最大，三角形，先端渐尖；末回小羽片约16对，长圆形，有芒刺状粗齿；叶轴和各回羽轴背面偶有棕色披针形小鳞片。孢子囊群每末回小羽片3～5对，位于中脉与叶边中间；囊群盖棕色，膜质，脱落。

生于山坡林下；常见。 根状茎入药，具有清热解毒、祛风止痒、散瘀活血的功效。

实蕨属 *Bolbitis* Schott

本属约有80种，分布于热带地区，主产于印度、马来群岛及南美洲。我国有25种；广西有8种；姑婆山有1种。

华南实蕨
Bolbitis subcordata（Copel.）Ching

根状茎粗而横走，密被鳞片。叶簇生，二型；叶片草质，干后变黑色，两面光滑；叶柄长30～60 cm，疏被鳞片；营养叶椭圆形，一回羽状，羽片4～10对；侧生羽片阔披针形，基部圆形或圆楔形，叶缘有深波状裂片；侧脉明显，小脉在侧脉之间联结成3行网眼，近叶缘的小脉分离；孢子叶与营养叶同形且较小。孢子囊群初沿网脉分布，后满布能育羽片背面。

生于沟谷林中；常见。　全株入药，具有凉血、止血、解毒的功效。

贯众属 *Cyrtomium* Presl

本属约有35种，主要分布于亚洲温带地区。我国有31种；广西有16种；姑婆山有4种。

分种检索表

1. 叶片厚革质；羽片边缘加厚，全缘，无齿。
  2. 羽片通常小，卵形或卵状长圆形，先端圆头或钝尖……………………………斜基贯众 *C. obliquum*
  2. 羽片大，镰刀状披针形，先端长渐尖………………………………………披针贯众 *C. devexiscapulae*
1. 叶片纸质，少为革质；羽片边缘不厚，通体或至少向先端有细尖齿。
  3. 叶片先端羽裂渐尖状………………………………………………………………镰羽贯众 *C. balansae*
  3. 叶片先端有分离的顶生羽片……………………………………………………………贯众 *C. fortunei*

镰羽贯众

Cyrtomium balansae（Christ）C. Chr.

植株高25～60 cm。根茎直立，密被披针形棕色鳞片。叶簇生，叶柄被鳞片；叶片纸质，腹面光滑，背面疏生棕色小鳞片或秃净，披针形或宽披针形，一回羽状；羽片12～18对，互生，镰状披针形，先端渐尖或近尾状，边缘有齿。孢子囊位于中脉两侧，各2行；囊群盖圆形，盾状。

生于山坡林下；常见。　根状茎入药，具有清热解毒、驱虫、散积的功效。

披针贯众

Cytomium devexiscapulae（Koidz.）Ching

植株高35～70 cm。根状茎和叶柄基部均密被棕褐色卵形大鳞片。叶柄禾秆色；叶片革质，两面光滑，或沿叶轴、羽轴和背面中脉基部疏被纤维状小鳞片，一回羽状；羽片约10对，有短柄，镰状披针形，边缘全缘或有时具波状钝齿；顶生羽片与侧生羽片同形或偶为2～3叉；每网眼内藏小脉1～2条。孢子囊群圆形，遍布羽片背面；囊群盖圆盾形，边缘波状。

生于山坡疏林下；常见。 根状茎入药，具有清热解毒、活血散瘀、利尿通淋的功效。

贯众

Cyrtomium fortunei J. Sm.

根状茎与叶柄基部密生阔卵状披针形黑褐色鳞片。叶簇生；叶柄长15～25 cm，疏生鳞片；叶片阔披针形或长圆状披针形，长25～45 cm，宽10～15 cm，纸质，两面光滑，奇数一回羽状，羽片镰状披针形，基部上侧稍呈耳状突起，下侧圆楔形，边缘有缺刻状细齿；叶脉网眼有内藏小脉1～2条。孢子囊群生于内藏小脉先端，在主脉两侧各排成不整齐的3～4行；囊群盖大，圆盾形，全缘。

生于海拔200～1200 m的林下、灌木丛或路边；常见。　根状茎入药，具有驱虫解毒、治流感的功效；亦可作农药。

鳞毛蕨属 *Dryopteris* Adans.

本属约有400种，全球广泛分布，以亚洲大陆（主要在中国喜马拉雅地区南部、日本及朝鲜）为分布中心。我国约有167种；广西有56种；姑婆山有8种。

分种检索表

1. 鳞片扁平，即基部不为泡囊状。
  2. 小羽片基部两侧不对称……………………………………………………………栗柄鳞毛蕨 *D. yoroii*
  2. 小羽片基部两侧对称……………………………………………………两广鳞毛蕨 *D. liangkwangensis*
1. 植株具扁平鳞片；叶柄、叶轴尤其是羽轴和小羽轴具泡状或基部扩大、先端毛发状的鳞片。
  3. 叶柄基部的鳞片披针形或阔披针形，棕色或淡棕色，叶柄至叶轴鳞片密。
    4. 叶片一回羽状……………………………………………………………………迷人鳞毛蕨 *D. decipiens*
    4. 叶片二回羽状………………………………………………………………阔鳞鳞毛蕨 *D. championii*
  3. 叶柄基部鳞片狭披针形或线状披针形，黑色或黑棕色，叶柄中部以上叶轴鳞片稀疏。
    5. 侧生羽片无柄或几无柄；羽轴基部平展，垂直于叶轴………………华南鳞毛蕨 *D. tenuicula*
    5. 侧生羽片有明显的短柄；羽轴斜展，不垂直于叶轴。
      6. 小羽片基部与羽轴贴生，即羽片羽状深裂或羽状全裂，完全无柄……广西鳞毛蕨 *D. guangxiensis*
      6. 小羽片基部不与羽轴贴生，即叶片二回羽状，有短柄或无柄。
        7. 叶片基部下侧小羽片羽状深裂至羽状全裂，比上侧小羽片长2～3倍；叶柄基部的鳞片线状披针形，全黑色……………………………………………………齿头鳞毛蕨 *D. labordei*
        7. 叶片基部下侧小羽片通常羽状浅裂至半裂，比上侧小羽片长约1倍；叶柄基部的鳞片披针形，暗棕色或基部黑色，向上暗棕色…………………假稀羽鳞毛蕨 *D. pseudosparsa*

迷人鳞毛蕨

Dryopteris decipiens（Hook.）Kuntze

植株高30～60 cm。根状茎粗短直立或斜升。叶柄禾秆色，向上疏被鳞片；叶片纸质，干后灰绿色，长圆状披针形，先渐尖并为羽裂，基部略狭，一回羽状，沿叶轴、羽轴背面及中脉基部疏被棕色泡状小鳞片；羽片10～15对，镰状披针形，中部的较大，边缘波状或浅裂；侧脉除基部上侧1条小脉外，其余的均伸达叶边。孢子囊群圆形，生于侧脉中部以下；囊群盖圆肾形，边缘全缘。

生于山坡疏林中或林缘；常见。

广西鳞毛蕨
Dryopteris guangxiensis S. G. Lu

植株高约50 cm。根状茎斜升。叶簇生；叶柄禾秆色，基部密被黑色披针形鳞片；叶片纸质，干后绿色，腹面光滑，背面羽轴具有黑色泡状鳞片，三角状卵形，一回羽状，羽片羽状深裂；羽片8～10对，近对生，卵状披针形，边缘羽状深裂，先端羽裂渐尖；裂片7～10对，三角状卵形，先端短渐尖，边缘近全缘。孢子囊群小，略靠近裂片边缘着生；囊群盖圆肾形，棕色，边缘全缘。

生于山坡疏林下或林缘路旁；常见。

齿头鳞毛蕨

Dryopteris labordei（Christ）C. Chr.

植株高50～60 cm。根状茎横卧或斜升。叶簇生；叶柄深禾秆色，基部被黑棕色披针形鳞片；叶片纸质，干后褐绿色，卵状披针形，二回羽状；羽片约10对，近对生，基部一对最大；小羽片约10对，披针形，基部小羽片羽状深裂或全裂；侧脉羽状，不达叶边。孢子囊群大，位于小羽片中脉与边缘之间；囊群盖圆肾形。

生于山坡疏林下或林缘路旁；少见。　根状茎入药，具有清热利湿、通络活血的功效。

两广鳞毛蕨

Dryopteris liangkwangensis Ching

植株高达 150 cm。根状茎直立，与叶柄基部密被黑色披针形大鳞片。叶柄深禾秆色，基部以上至叶轴密被红棕色大鳞片；叶片长圆形，羽裂渐尖头，基部不变狭，背面沿羽轴及叶脉偶有黑色小鳞片，一回羽状；羽片20对或更多，披针形，渐尖头，边有锐尖粗齿。孢子囊群圆形，生于小脉中部稍下处；无囊群盖。

生于阔叶林中沟边阴湿处；常见。

栗柄鳞毛蕨

Dryopteris yoroii Seriz.

植株高30～50 cm。根状茎短，直立或斜升，密被棕色鳞片。叶簇生，常二型；孢子叶叶柄栗褐色，基部疏被鳞片；叶片卵状长圆形，先端渐尖并羽裂，二回羽状至三回浅羽裂；羽片7～9对，对生或近对生，略斜向上，基部一对最大，三角状披针形；营养叶通常较宽大，叶缘具较多齿；叶脉羽状，分叉，在腹面不显，在背面显著。孢子囊群圆形，着生于小脉中部；囊群盖圆肾形。

生于阔叶林中沟边阴湿处；常见。

舌蕨属 *Elaphoglossum* Schott ex J. Sm.

本属约有400多种，分布于热带及南温带的湿润地区。我国有6种；广西有3种；姑婆山有1种。

华南舌蕨
Elaphoglossum yoshinagae（Yatabe）Makino

植株高15～30 cm。根状茎短，同叶柄基部密生淡棕色、卵状披针形、边缘有睫毛的大鳞片。叶二型，近生，肥厚，两面疏被褐色不规则分裂的极小鳞片，背面较多；营养叶几无柄，披针形，渐尖头，基部渐狭，常下延；孢子叶略小而狭，有长7～10 cm 的柄。孢子囊群沿侧脉着生，成熟时布满孢子叶背面。

生于山坡林下；常见。　根状茎入药，具有利尿的功效。

耳蕨属 *Polystichum* Roth

本属约有500种，全球广泛分布，主要分布于亚热带及温带山地。我国约有208种；广西有52种；姑婆山有3种。

分种检索表

1\. 叶轴有芽孢……………………………………………………………………灰绿耳蕨 *P. scariosum*

1\. 叶轴无芽孢。

 2\. 基部一对羽片羽状或羽裂，常特长，叶常呈“十”字形……………………戟叶耳蕨 *P. tripteron*

 2\. 基部一对羽片不显著伸长，不为羽状或羽裂，叶片呈披针形………粗脉耳蕨 *P. crassinervium*

灰绿耳蕨

Polystichum scariosum（Roxb.）C. V. Morton

植株高90～115 cm。根状茎短而直立，顶部密被鳞片。叶近二型，簇生；叶柄禾秆色；叶片草质，干后灰绿色，营养叶具芽孢，能落地生根发育成新株，卵状长圆形，二回羽状；小羽片对开式，无芒刺，先端急尖，大型叶镰刀状披针形，两侧浅裂或具齿。孢子囊群圆形，着生于小脉上；囊群盖圆盾形，小，早落。

生于山坡疏林中或溪边阴湿处；常见。

粗脉耳蕨

Polystichum crassinervium Ching ex W. M. Chu et Z. R. He

根状茎斜升，顶端及叶柄基部密被厚膜质鳞片。叶少数簇生；叶柄浅绿禾秆色；叶片纸质，狭长椭圆披针形，先端渐尖或短渐尖，中部以下渐缩狭，一回羽状；羽片20～50对，通常有明显的间距，中部以上的平展，下部的或多或少向下反折，矩圆形或镰刀形，少见镰刀状披针形。孢子囊群在羽片主脉两侧各有1行；囊群盖圆盾形。

生于山坡疏林中；少见。

戟叶耳蕨

Polystichum tripteron（Kunze）C. Presl

植株高30～65 cm。根状茎短而直立，先端密被披针形鳞片。叶簇生；叶柄长12～30 cm，基部以上禾秆色；叶片草质，干后绿色，戟状披针形，具3片椭圆披针形的羽片；侧生一对羽片较短小，有短柄；中央羽片较大，一回羽状；小羽片均互生，边缘有粗齿或浅羽裂，齿及裂片先端有芒状小刺尖；叶脉在裂片上羽状，小脉单一，罕二分叉。孢子囊群圆形，生于小脉先端；囊群盖圆盾形，早落。

生于山坡林下；常见。 根状茎入药，具有清热解毒、利尿通淋、活血调经、止血补肾的功效。

叉蕨科 Tectariaceae

本科有8～15属约300种，主要分布于热带地区。我国有4属41种；广西有2属24种；姑婆山有1属1种。

肋毛蕨属 *Ctenitis*（C. Chr.）C. Chr.

本属有 100 ～ 150 种，主要分布于美洲和亚洲的热带地区。我国约有 10 种；广西有 2 种；姑婆山有 1 种。

棕鳞肋毛蕨
Ctenitis pseudorhodolepis Ching et Chu H. Wang

植株高约1 m。根状茎直立，顶部及叶柄基部密被棕色鳞片。叶簇生；叶柄深禾秆色；叶片纸质，干后暗绿色，三角形，三回至四回羽状；羽片8～10对，三角形；小羽片10～12对，互生，椭圆状披针形；叶脉羽状。孢子囊群圆形，生于小脉下部或分叉处；囊群盖红棕色，脱落。

生于山坡疏林或竹林中；常见。

肾蕨科 Nephrolepidaceae

本科仅有1属，即肾蕨属 *Nephrolepis*，约20种，分布于热带地区。我国有5种；广西有2种；姑婆山有1种。

肾蕨

Nephrolepis cordifolia（L.）C. Presl

附生或土生植物。根状茎直立，被淡棕色鳞片；根下有球茎，肉质多汁。叶丛生，柄暗褐色，密被淡棕色鳞片；叶片披针形，光滑，无毛，一回羽状；羽片多数，无柄，互生，覆瓦状排列，披针形。孢子囊群生于羽片边缘的小脉先端；囊群盖肾形，褐棕色。

生于林中溪边、林缘路边；常见。 为广泛栽培的观叶植物；全草或块茎入药，具有清热利湿、宁肺止咳、软坚消积的功效。

骨碎补科 **Davalliaceae**

本科有5属约35种，主要分布于亚洲的热带亚热带地区。我国有4属17种；广西有1属9种；姑婆山有1种。

骨碎补属 *Davallia* Sm.

本属约有45种，主要分布于马来西亚至波利尼西亚，北达日本，西抵喜马拉雅，南至非洲马达加斯加地区。我国约有14种；广西有9种；姑婆山有1种。

圆盖阴石蕨
Davallia teyermannii Baker

植株高达20 cm。根状茎长而横走，密被蓬松的淡棕色鳞片。叶远生；叶柄长6～8 cm，棕色或深禾秆色；叶片长阔卵状三角形，长宽几相等，均为10～15 cm，三回至四回羽状深裂；羽片约10对，有短柄，互生，彼此密接。孢子囊群生于小脉先端；囊群盖近圆形，边缘全缘，浅棕色。

生于林中树干上或石上；少见。　根状茎入药，具有清热解毒、祛风除湿的功效。

水龙骨科 Polypodiaceae

本科有50多属约1200种，全球广泛分布，主产于热带亚热带地区。我国有39属267种；广西有16属109种；姑婆山有10属16种1变种。

分属检索表

1. 叶具星状毛，至少幼时被星状毛……………………………………………………………石韦属 *Pyrrosia*
1. 叶不具星状毛，至多具单毛。
  2. 叶不具腐殖质积聚叶。
    3. 叶脉在羽轴两侧各有一行网眼，内有一条不分枝的内藏小脉，能育，网眼外的叶脉分离或形成1～2个小网眼……………………………………………………………棱脉蕨属 *Goniophlebium*
    3. 叶脉网结成复杂的大小网眼，内有1～3条通常分枝的内藏小脉。
      4. 孢子囊群线形，与主脉斜交……………………………………………………薄唇蕨属 *Leptochilus*
      4. 孢子囊群圆形，有时椭圆形，少有在主脉两侧形成一条线形并与主脉并行。
        5. 叶通常为单叶或；孢子囊群在主脉两侧各1行，或密而星散，幼时有盾状或伞状的粗筛孔隔丝覆盖。
          6. 叶一型，革质；根状茎粗短，横生如粗铁丝，不呈绿色，通常密被鳞片……………………………………………………………………………………瓦韦属 *Lepisorus*
          6. 叶二型或近二型。
            7. 孢子囊群通常被星状毛和明显的隔丝覆盖…………………………伏石蕨属 *Lemmaphyllum*
            7. 孢子囊群没有星状毛和明显的隔丝覆盖………………………………………修蕨属 *Selliguea*
        5. 叶通常羽裂，或为羽状；孢子囊群在主脉两侧多行，幼时无盾状或伞状的隔丝，有时仅有线状隔丝。
          8. 孢子囊群细点状，小而不规则地布满叶片背面，偶有成1 行；叶边无缺刻……………………………………………………………………………………星蕨属 *Microsorium*
          8. 孢子囊群圆形。
            9. 孢子囊无毛。
              10. 孢子囊群生于裂片背面，位于小脉先端以下………………………修蕨属 *Selliguea*
              10. 孢子囊群着生于小脉的交结点上，在相邻的侧脉之间有一至数个，在羽片中脉两侧各有一至多行……………………………………………节肢蕨属 *Arthromeris*
            9. 孢子囊上常有1～3根针毛……………………………………………滨禾蕨属 *Oreogrammitis*
  2. 叶具腐殖质积聚叶……………………………………………………………………槲蕨属 *Drynaria*

节肢蕨属 *Arthromeris*（T. Moore）J. Sm.

本属约有20种，多分布于亚洲的热带亚热带地区。我国有17种；广西有3种；姑婆山有1种。

龙头节肢蕨

Arthromeris lungtauensis Ching

根状茎长而横走，密被鳞片，卵状披针形。叶柄淡紫色，光滑无毛；叶片纸质，两面被毛，一回羽状，披针形或卵状披针形；羽片3～6对，披针形，基部一对较大，长尾状渐尖，基部略心形，下侧耳片常盖叶轴，边缘全缘，有膜质薄边；顶生羽片与侧生羽片同形，基部圆。孢子囊群小，在每对侧脉之间各排成2行，在中脉至叶边之间则有3～4行。

附生于树干上或岩石上；少见。　根状茎入药，具有清热利尿、止痛的功效。

槲蕨属 *Drynaria*（Bory）J. Sm.

本属约有16种，主要分布于亚洲至大洋洲。我国约有9种；广西有4种；姑婆山有1种。

槲蕨

Drynaria roosii Nakaike

植株高25～40 cm。根状茎密生钻状披针形、边缘有睫毛状的鳞片。营养叶革质，卵形，无柄，背面有短毛；孢子叶纸质，无毛，长椭圆形，向基部变狭而呈波状，下延成有翅的短柄，中部以上深羽裂；裂片互生，短尖头，边缘具不明显的疏缺刻。孢子囊群圆形，生于内藏小脉的交叉点，在主脉两侧各有2～3行；无囊群盖。

附生于树干或石上；少见。　根状茎入药，具有补肾接骨、活血散瘀的功效。

棱脉蕨属 *Goniophlebium*（Blume）C. Presl

本属有32种，主要分布于亚洲的热带亚热带地区。我国有11种；广西有7种；姑婆山有2种。

分种检索表

1. 根状茎灰绿色或灰白色；鳞片极稀疏或无鳞片；裂片边缘全缘……………日本水龙骨 *G. niponicum*
1. 根状茎密被鳞片，无白粉；裂片边缘有齿………………………………………友水龙骨 *G. amoenum*

友水龙骨

Goniophlebium amoenum K. Schum.

附生草本。根状茎横走，密被暗棕色鳞片。叶疏生；叶柄禾秆色；叶片卵状披针形，厚纸质，羽状深裂，基部略收缩，先端羽裂渐尖；裂片20～25对，披针形，具齿。孢子囊群圆形，在裂片中脉两侧各排成1行，着生于内藏小脉先端，位于中脉与叶缘间，无盖。

附生于林中树上或岩石上；常见。根茎入药，具有舒筋活络、活血止痛的功效。

日本水龙骨

Goniophlebium niponicum（Mett.）Yea C. Liu, W. L. Chiou et M. Kato

附生植物。根状茎长而横走，肉质，灰绿色或灰白色，疏被鳞片。叶远生；叶柄禾秆色，疏被柔毛或毛脱落后近光滑；叶片草质，两面密被白色短柔毛，背面的毛更密，卵状披针形至长椭圆状披针形，羽状深裂，基部心形，先端羽裂渐尖；裂片15～25对，先端钝圆或渐尖，边缘全缘。孢子囊群圆形，在裂片中脉两侧各1行。

附生于林中树上或岩石上；常见。　根茎入药，具有清热解毒、祛风化湿、通络、止痛、止咳、平肝明目的功效。

伏石蕨属 *Lemmaphyllum* C. Presl

本属约9种，主要分布于中国南部，仅有1种分布于缅甸和印度北部。我国有5种；广西有4种；姑婆山有3种。

分种检索表

1. 叶一型，有时呈二型。
   2. 叶完全一型，叶片卵状披针形，钝圆头，叶柄通常纤细，短促……………………骨牌蕨 *L. rostratum*
   2. 叶有时呈二型，营养叶舌状披针形、狭披针形或近线形………………………披针骨牌蕨 *L. diversum*
1. 叶二型………………………………………………………………………………抱石莲 *L. drymoglossoides*

披针骨牌蕨

Lemmaphyllum diversum（Rosenstock）Tagawa

根状茎细长、横走，被钻状棕色有齿的披针形鳞片。叶远生，一型或近二型；营养叶通常狭披针形，短钝尖头，叶片淡棕色，背面疏被鳞片；孢子叶狭长披针形，棕色，先端短钝尖，干后淡棕色，硬革质。孢子囊群圆形，在主脉两侧各成1行，成熟时部分囊群会合。

生于山坡林下或林缘岩壁上；少见。　全草入药，具有清热利湿、止痛止血的功效。

抱石莲

Lemmaphyllum drymoglossoides（Baker）Ching

多年生小型附生草本。根状茎细长而横走，纤细如丝，疏被鳞片。叶远生，二型；叶片肉质；营养叶长圆形至卵形，先端圆头或钝圆，基部楔形，几无柄，全缘；孢子叶倒披针形或舌状，有时与营养叶同形，背面疏被鳞片。孢子囊群圆形，沿主脉两侧各有1行，位于主脉与叶缘之间。

附生于阴湿的树干或岩石上；少见。　全株入药，具有清热解毒、利湿舒筋的功效。

骨牌蕨

Lemmaphyllum rostratum（Beddome）Tagawa

植株高4～10 cm。根状茎上的鳞片基部圆形，向上钻状披针形，有粗齿。叶一型；叶柄极短或几无柄；叶片近肉质，卵状披针形，长6～10 cm，宽1.5～2.5 cm，先端锐尖，基部楔形。孢子囊群生于叶片中部以上，近主脉。

附生于林中树干或岩石上；常见。

全草入药，具有清热利水、除烦、清肺气的功效。

瓦韦属 *Lepisorus*（J. Sm.）Ching

本属约有80种，主要分布于亚洲东部，少数分布于非洲。我国约有49种；广西有23种；姑婆山有3种。

分种检索表

1. 叶片较小，宽0.5～1.3 cm……………………………………………………………瓦韦 *L. thunbergianus*
1. 叶片较大，宽大于1.5 cm。
   2. 孢子囊群大，沿中脉两侧排列成较整齐的1行或有时为不规则的2行，靠近中脉………………………………………………………………………………………………………江南星蕨 *L. fortunei*
   2. 孢子囊群小而密，散生于叶片下面中脉与叶片之间，呈不整齐的多行…表面星蕨 *L. superficialis*

瓦韦
Lepisorus thunbergianus（Kaulf.）Ching

多年生草本，植株高6～20 cm。根状茎横走，密生黑色鳞片。叶片长条状披针形，革质，基部渐变狭并下延，每片垂直生于根茎上；有短柄或几无柄；除主脉外叶脉不明显。孢子囊群圆形或椭圆形，沿着主脉呈2列排列，幼时被圆形褐棕色的隔丝覆盖。

附生于山坡林下树干或岩石上；常见。　全株入药，具有清热解毒、祛湿消肿的功效。

江南星蕨

Lepisorus fortunei（T. Moore）C. M. Kuo

植株高约50 cm。根状茎长而横走，肉质，顶部被棕褐色鳞片。叶远生，直立；叶片厚纸质，带状披针形，先端长渐尖，基部渐狭，下延于叶柄并形成狭翅，边缘全缘，有软骨质的边；中脉两面明显隆起，侧脉不明显。孢子囊群大，圆形，靠近主脉各成1行或不整齐的2行排列。

生于山坡林下或路边灌木丛中；常见。　全草入药，具有活血散瘀、清热解毒、利湿、通淋、止血的功效。

表面星蕨

Lepisorus superficialis（Blume）C. F. Zhao ex R. Wei et X. C. Zhang

植株高约30 cm。根状茎密被卵圆形渐尖头的褐棕色鳞片。叶柄长5～7 cm，光滑；叶片厚纸质或薄革质，干后褐色，长圆状披针形，长约20 cm，宽约5 cm，短尾尖或渐尖，基部楔形。孢子囊群小，圆形，常彼此会合，散布整个腹面。

附生于林中树上或岩石上；常见。

薄唇蕨属 *Leptochilus* Kaulf.

本属约有25种，主要分布于亚洲的热带亚热带地区。我国有13种；广西有10种4变种；姑婆山有1种1变种。

分种检索表

1. 叶近二型，纸质，侧脉及小脉不明显；植株较矮小，高约45 cm；根状茎较纤细……………………………………………………………………………………线蕨 *L. ellipticus*
1. 叶一型，草质，侧脉及小脉明显；植株较高大，高约70 cm；根状茎较粗壮……………………………………………………………………………宽羽线蕨 *L. ellipticus* var. *pothifolius*

线蕨
Leptochilus ellipticus（Thunb.）Noot.

多年生草本，植株高20～60 cm。根状茎长而横走，密生褐棕色鳞片。叶远生，近二型；叶柄禾秆色，基部密生鳞片；叶片长圆状卵形或卵状披针形，一回羽裂；羽片6～11对，狭长披针形或线形。孢子囊群线形，在每侧脉间各排成1行，伸达叶缘，无囊群盖。

生于沟谷林下；常见。　全株入药，具有清热利尿、敛肺止咳、散瘀消肿的功效。

宽羽线蕨

Leptochilus ellipticus var. *pothifolius*（Buch. -Ham. ex D. Don）X. C. Zhang

多年生草本，植株高70～100 cm。根状茎较粗壮，密生褐棕色鳞片。叶远生，一型；叶柄禾秆色，基部密生鳞片；叶片长圆状卵形或卵状披针形；一回羽裂，羽片通常7对，线状披针形或阔披针形，边缘全缘或有时为不明显波状。孢子囊群线形，在每侧脉间各排成1行，伸达叶缘，无囊群盖。

生于山坡林下；常见。 全株入药，具有补虚损、强筋骨、活血祛瘀、止痛的功效。

星蕨属 *Microsorum* Link

本属约有40种，主要分布于亚洲的热带地区。我国有5种；广西有4种；姑婆山有1种。

羽裂星蕨

Microsorum insigne（Blume）Copel.

植株高40～100 cm。根状茎被全缘的卵状披针形鳞片。叶柄基部有关节；叶片纸质，无毛，干后绿色，卵形，深羽裂，叶轴两侧有阔翅，下延达柄基。孢子囊群细小，近圆形或不定形，散生于网脉联结处，无囊群盖。

生于山坡林下；常见。　全株入药，具有清热祛湿、活血散瘀、止血的功效。

滨禾蕨属 *Oreogrammitis* Copeland

本属约有110种，分布于热带地区，亚洲最多。我国约有7种；广西有3种；姑婆山有1种。

短柄滨禾蕨

Oreogrammitis dorsipila（Christ）Parris

根状茎短，近直立，顶部密生鳞片。鳞片卵状披针形，全缘，亮棕色。叶簇生，近无柄；叶片条形或条状披针形，圆钝头，全缘，基部狭楔形下延，革质，有红棕色长硬毛；主脉腹面平坦，背面稍突起，侧脉分叉，远离叶缘。孢子囊群圆形或椭圆形，位于叶片上部，靠近主脉，不陷入叶肉；孢子囊上常有1～3根针毛。

生于山坡林下；常见。

石韦属 *Pyrrosia* Mirbel

本属约有60种，主要分布于亚洲的热带亚热带地区，少数分布于非洲及大洋洲。我国约有32种；广西有21种；姑婆山有1种。

石韦
Pyrrosia lingua（Thunb.）Farw.

植株高10～30 cm。根状茎长而横走，密被淡棕色鳞片。叶远生，近二型；叶片有长柄，革质，披针形至矩圆披针形，腹面绿色并有小凹点，背面密被灰棕色星状毛；孢子叶常远比营养叶高而狭窄。孢子囊群沿着叶背侧脉整齐排列，初被星状毛，熟后开裂外露而呈砖红色。

生于山坡林下；常见。　全草入药，具有清热利尿、通淋、止血的功效。

修蕨属 *Selliguea* Bory

本属约75种，分布于热带和亚热带地区。我国有48种；广西有14种；姑婆山有2种。

分种检索表

1. 叶片一型，三回至四回羽裂；孢子囊群生于裂片背面，位于小脉先端以下……雨蕨 *S. dareiformis*
1. 叶片二型，全缘；孢子囊群生于孢子叶的上部，沿中脉两侧各排成1行……………………………………………………喙叶假瘤蕨 *S. rhynchophylla*

雨蕨

Selliguea dareiformis（Hook.）X. C. Zhang et L. J. He

根状茎长而横走，灰蓝色，密被鳞片。叶远生；叶柄栗褐色或深禾秆色，基部以关节着生于明显的叶足上；叶片草质，无毛，三角状卵形，先端渐尖，基部近心形，三回至四回细羽裂；一回小羽片10～15对，椭圆形，急尖头，基部为对称的圆楔形；叶轴栗褐色，顶部两侧有绿色的狭边，小羽轴两侧有狭翅。孢子囊群生于裂片背面，圆形，无盖。

生于山坡密林中，常附生于树干上或岩石上；少见。　根状茎或全草入药，具有理气散结、利尿通淋的功效。

喙叶假瘤蕨

Selliguea rhynchophylla（Hooker）Fraser-Jenkins

根状茎细长而横走，被鳞片。鳞片红棕色，卵状披针形。叶远生，二型；叶片草质，两面无毛，营养叶卵圆形或长圆形，先端圆，基部圆楔形；孢子叶线状披针形或披针形，近顶部紧缩成喙状，先端钝，基部楔形，边缘软骨质，在侧脉之间有1个浅缺刻。孢子囊群圆形，着生于孢子叶的上部，沿中脉两侧各排成1行，不会合。

生于沟谷林下；少见。　全株入药，具有清热利尿的功效。

各论·裸子植物

Gymnospermae

松科 Pinaceae

本科有10～11属约235种，主要分布于北半球。我国有10属103种；广西有8属30种；姑婆山有2属3种，其中1属1种为栽培种。

松属 *Pinus* L.

本属约有110种，分布于欧洲、亚洲、北美洲、非洲北部。我国有22种16变种，引种栽培约14种，分布几遍全国；广西有14种，其中栽培种6种；姑婆山有2种。

分种检索表

1. 针叶较长，长12～20 cm……………………………………………………………马尾松 *P. massoniana*
1. 针叶较短，长7～10 cm……………………………………………………………黄山松 *P. taiwanensis*

马尾松
Pinus massoniana Lamb.

一年生枝淡黄褐色，无毛。针叶2针一束，稀3针一束，细柔，横切面半圆形。雄球花淡红褐色，圆柱形，弯垂，聚生于新枝下部成穗状；雌球花单生或聚生于新枝近顶端，淡紫红色。一年生小球果上部珠鳞的鳞脐具向上直伸的短刺，下部珠鳞的鳞脐平钝无刺；球果卵圆形，中部种鳞倒卵形或近长方形，鳞盾菱形，平或微隆起。球果翌年10～11月成熟。

生于山坡疏林或林缘路边；常见。 为长江流域以南重要的荒山造林树种，可采割树脂提取松香和松节油；针叶可提取芳香油；树干及根部可培养茯苓、蕈类，供药用及食用；树皮可提取栲胶。

黄山松

Pinus taiwanensis Hayata

乔木。枝平展，老树树冠平顶；一年生枝淡黄褐色或暗红褐色，无毛，不被白粉。针叶2针一束，稍硬直，边缘有细齿，两面有气孔线。雄球花圆柱形，淡红褐色，聚生于新枝下部成短穗状。球果卵圆形，几无梗，向下弯垂，熟前绿色，熟时褐色或暗褐色，后渐变呈暗灰褐色。种子倒卵状椭圆形，具不规则的红褐色斑纹。花期4～5月，球果翌年10月成熟。

生于山坡或山顶疏林中；罕见。 广西重点保护野生植物；为长江中下游地区海拔700 m以上酸性土荒山的重要造林树种；树干可割树脂；松花粉入药，具有燥湿、收敛止血的功效；松节、松香入药，具有祛风湿、止痛的功效；球果入药，具有祛痰、止咳、平喘的功效。

柏科 Cupressaceae

本科有19属约125种，分布几遍全球。我国有8属46种；广西有8属12种8栽培变种；姑婆山有3属4种，野生种仅有福建柏属 *Fokienia* 的福建柏 *F. hodginsii* 1种。

福建柏属 *Fokienia* A. Henry et H. H. Thomas

本属仅1种，分布于越南、老挝及我国西南部、南部至东部。姑婆山亦有。

福建柏 建柏

Fokienia hodginsii（Dunn）A. Henry et H. H. Thomas

乔木，树高达25 m。在幼树及萌芽枝上，中央的鳞叶呈楔状披针形，两侧的鳞叶对折，近长椭圆形，先端渐尖或微急尖；成年树及果枝的鳞叶较小，两侧的叶先端急尖或微钝，比中央的叶稍长或近等长。球果熟时褐色；种鳞顶部中央微凹，有1个突起的小尖头。种子卵形，有3～4棱，大翅近卵形。花期3～4月，球果翌年10～11月成熟。

生于山坡、山顶疏林或密林中；罕见。 国家二级重点保护野生植物；为良好的庭园绿化观赏树和盆景树；亦作为高山湿润地带造林的良好树种；心材入药，具有行气止痛、降逆止呕的功效。

罗汉松科 Podocarpaceae

本科有18属180多种，分布于亚洲东部及南半球热带亚热带和温带地区。我国有4属12种；广西有4属7种；姑婆山有2属3种，其中仅1种为野生种。

罗汉松属 *Podocarpus* L'Hér. ex Pers.

本属约有100种，分布于热带亚热带及温带地区。我国有7种；广西有3种；姑婆山有2种，仅罗汉松属 *Podocarpus* 的百日青 *P. neriifolius* 为野生种。

百日青 竹叶松、脉叶罗汉松
Podocarpus neriifolius D. Don

乔木。叶螺旋状着生；叶片披针形，厚革质，常微弯，上部渐窄，先端有渐尖的长尖头；萌生枝上的叶稍宽，有短尖头，基部渐窄，楔形，有短柄，腹面中脉隆起，背面微隆起或近平。雄球花穗状，单生或2～3个簇生，总梗较短，基部有多数螺旋状排列的苞片。种子卵圆形，顶端圆或钝，熟时肉质假种皮紫红色；种托肉质，橙红色。花期5月，种子10～11月成熟。

生于山坡、山顶疏林或密林中；罕见。 国家二级重点保护野生植物；可作庭园树用；木材可作家具、乐器、文具及雕刻等用材；根可用于水肿，根皮可用于疥癣、痢疾；枝、叶可用于骨折、骨质增生、关节肿痛、风湿症、痧症；果实具有益气补中的功效。

三尖杉科 Cephalotaxaceae

本科仅1属，即三尖杉属*Cephalotaxus*，有7种2变种，分布于中国、印度、日本、韩国、老挝、缅甸、泰国和越南等。我国有6种2变种；广西有5种；姑婆山有1种，即三尖杉 *C. fortunei*。

三尖杉
Cephalotaxus fortunei Hook.

常绿乔木。树皮褐色或红褐色，片状脱落。叶排成2列，披针状线形，长可达13.5 cm，先端有长尖头，基部楔形或宽楔形，背面白色气孔带比绿色边带宽3～5倍。雌雄异株；雄球花8～10聚生成头状；雌球花的胚珠3～8粒发育成种子。种子卵圆形，熟时假种皮紫色或红紫色。花期3～4月，种子9～10月成熟。

生于山坡疏林、密林中，或林缘路旁；少见。　木材可作建筑、桥梁、舟车、农具、家具及器具等用材；根皮可用于石淋；枝叶具有抗癌的功效；种子具有润肺、止咳、消积、杀虫的功效。

买麻藤科 Gnetaceae

本科仅1属，即买麻藤属*Gnetum*，约40种，主要分布于亚洲热带亚热带地区，少数分布于非洲西部和南美洲西北部。我国有9种；广西有7种；姑婆山有2种。

分种检索表

1. 成熟种子常有明显的种子柄；叶片长10～25 cm，宽4～11 cm……………………买麻藤 *G. montanum*
1. 成熟种子无柄或几无柄；叶片长4～10 cm，宽约2.5 cm…………………………小叶买麻藤 *G. parvifolium*

买麻藤

Gnetum montanum Markgr.

大藤本。小枝光滑。叶片矩圆形，稀矩圆状披针形或椭圆形，长10～25 cm，宽4～11 cm。雄球花序一回至二回三出分枝，雄球花穗圆柱形；雌球花序侧生于老枝上，单生或数序丛生，雌球花穗成熟时长约10 cm。种子矩圆状卵圆形或矩圆形，熟时黄褐色或红褐色。花期6～7月，种子8～9月成熟。

生于山坡密林或山谷中；少见。 茎皮含韧性纤维，可织麻袋、渔网、绳索等；全株入药，具有祛风除湿、活血散瘀、消肿止痛、化痰止咳、行气健胃、接骨的功效。

小叶买麻藤
Gnetum parvifolium（Warb.）C. Y. Cheng

缠绕藤本。茎枝皮孔常较明显。叶片革质，长4～10 cm，宽约2.5 cm，侧脉细，一般在腹面不甚明显，在背面隆起，长短不等，不达叶片边缘即弯曲前伸；叶柄较细短。雄球花序不分枝或一次分枝，分枝三出或成2对；雌球花序多生于老枝上，一次三出分枝。成熟种子假种皮红色，长椭圆形或窄矩圆状倒卵圆形，先端常有小尖头，无种柄或近无柄。

生于海拔较低的干燥平地或湿润谷地的疏林中，常缠绕在大树上；常见。 皮部纤维可作编织绳索的原料；种子炒后可食，亦可榨油供食用；根、茎藤、叶入药，具有祛风活血、消肿止痛、化痰止咳的功效。

各论·被子植物

Angiospermae

木兰科 Magnoliaceae

本科有17属约300种，主要分布于亚洲东南部、北美洲东南部及中美洲，少数分布于亚洲马来群岛及南美洲。我国有13属108～112种；广西有11属52种；姑婆山有5属11种，其中3种为栽培种。

分属检索表

1. 花顶生；聚合果卵圆形……………………………………………………………木莲属 *Manglietia*
1. 花腋生；聚合果为离心皮果…………………………………………………………含笑属 *Michelia*

木莲属 *Manglietia* Blume

本属约有40种，分布于亚洲的热带和亚热带地区。我国有20多种；广西有13种；姑婆山有3种。

分种检索表

1. 叶片腹面或背面多少被毛。
   2. 果梗长4 cm以上……………………………………………………………桂南木莲 *M. conifera*
   2. 果梗长1～2 cm…………………………………………………………………木莲 *M. fordiana*
1. 叶片腹面及背面均无毛………………………………………………………粗梗木莲 *M. crassipes*

桂南木莲

Manglietia conifera Dandy

常绿乔木。树皮灰色，光滑；芽、嫩枝有红褐色短毛。叶片革质，倒披针形或狭倒卵状椭圆形，先端短渐尖或钝，基部狭楔形或楔形，腹面无毛，深绿色有光泽，背面灰绿色，嫩叶被微硬毛或具白粉。花蕾卵圆形，花梗细长，向下弯垂，花被片常绿色，质较薄，椭圆形，先端圆钝，中轮肉质，倒卵状椭圆形，内轮肉质，倒卵状匙形。聚合果卵圆形，蓇葖具疣状突起，顶端具短喙；种子内种皮具突起点。花期5～6月，果期9～10月。

生于砂页岩山地、山谷疏林或林缘；常见。 可作庭园观赏树种；树皮入药，具有消积、下气的功效，广西用作“厚朴”，称“野厚朴”。

粗梗木莲

Manglietia crassipes Law

乔木或灌木。芽、小枝、叶背面均具白粉；小枝粗壮。叶片革质，倒披针形或倒卵状椭圆形，先端短急尖，背面粉绿色；侧脉和网脉干时两面均凸起，侧脉每边8～14条；叶柄粗壮，长3～3.5 cm，粗2～2.5 mm。佛焰苞状苞片1枚；花被3轮，花被片9片，白色。聚合果卵圆形；蓇葖具短喙，熟时腹背缝开裂成两果瓣；果柄粗壮，粗约1 cm。花期5月，果熟期9月。

生于山坡疏林或密林中，少见。 可作为园林绿化观赏树种和材用树种。

含笑属 *Michelia* L.

本属约有70种，分布于亚洲的热带亚热带地区。我国有37～39种；广西有15种；姑婆山有4种，其中2种为栽培种。

分种检索表

1. 叶片背面被红铜色短绒毛；芽体、小枝及叶背被锈色或银白色绢毛………金叶含笑 *M. foveolata*
1. 叶片背面无毛或仅中脉有平伏毛；顶芽、叶背具白粉…………………………深山含笑 *M. maudiae*

金叶含笑
Michelia foveolata Merr. ex Dandy

乔木。树皮淡灰色或深灰色；芽、幼枝、叶柄、叶背、花梗密被红褐色短绒毛。叶片厚革质，长圆状椭圆形、椭圆状卵形或阔披针形，先端渐尖或短渐尖，基部阔楔形，圆钝或近心形，通常两侧不对称，腹面深绿色，有光泽，背面被红铜色短绒毛，末端纤细，直至近叶缘开叉网结。花被片淡黄绿色，基部带紫色，外轮3片阔倒卵形；雌蕊群被银灰色短绒毛，雌蕊狭卵圆形，仅基部与花托合生。聚合果蓇葖长圆状椭圆形。花期3～5月，果期9～10月。

生于山坡、山顶疏林或密林中；少见。　树皮入药，具有解毒、散热的功效。

深山含笑 莫氏含笑
Michelia maudiae Dunn

乔木或灌木。芽、小枝、叶片背面均具白粉。叶片革质，倒披针形或倒卵状椭圆形，先端短急尖，基部阔楔形，腹面绿色，背面粉绿色，中脉在腹面微突起或平坦，侧脉和网脉干时两面均突起。花被片白色，外轮3片倒卵状长圆形，质薄，中轮及内轮质厚，肉质；药隔伸出成尖三角形；雌蕊群卵圆形；花梗粗壮。聚合果卵球形，蓇葖椭圆形，具短喙，熟时腹背缝开裂成2枚果爿。花期5月，果熟期9月。

生于山坡、山顶疏林或密林中；少见。 花洁白美丽，是优良的观赏绿化树种；花芳香，可提芳香油；花入药，具有散风寒、通鼻窍、行气止痛的功效； 根入药，具有清热解毒、行气化浊、止咳、凉血、消炎的功效。

八角科 Illiciaceae

本科有1属约40种，分布于亚洲东南部和美洲，主产地为中国西南部至东部。我国有27种；广西有12种；姑婆山有2种，其中野生种仅小花八角 *I. micranthum* 1种。

小花八角

Illicium micranthum Dunn

灌木或小乔木。叶不整齐地互生、近对生或3～5片簇生在梢上；叶片倒卵状椭圆形、狭长圆状椭圆形或披针形，先端常尾状渐尖或渐尖，基部楔形，两面有微小腺点，中脉在叶腹面凹陷，下延至叶柄成宽沟。花很小，芳香，在叶腋单生或几朵在近顶端成假轮生，幼花带绿白色，但花被片呈红色、橘红色。蓇葖6～8个，尖头短。花期4～6月，果期7～9月。

生于山涧、山谷、峡谷溪边的林中或灌木丛中；少见。　全株入药，具有祛瘀止痛、温中散寒的功效；根皮入药，具有行气止痛、散瘀消肿的功效。

五味子科 Schisandraceae

本科有2属39种，分布于东亚、东南亚及北美洲南部。我国有2属27种；广西有2属18种；姑婆山有2属6种1亚种。

分属检索表

1. 芽鳞常早落；聚合果为肉质球状或椭圆状……………………………………………南五味子属 *Kadsura*
1. 芽鳞常宿存；聚合果散生在延长的轴上成穗状………………………………………五味子属 *Schisandra*

南五味子属 *Kadsura* Kaempf. ex Juss.

本属约有 16 种，分布于亚洲热带亚热带地区。我国有 8 种；广西 8 种均产；姑婆山有 5 种。

分种检索表

1. 叶片全缘，侧脉及网脉不明显…………………………………………………………黑老虎 *K. coccinea*
1. 叶片通常有齿，侧脉及网脉较明显。
  2. 聚合果较大，直径2.5～6.5 cm。
    3. 老藤表面具黄色栓皮；叶片卵状椭圆形至阔椭圆形，侧脉每边约10条……………………………………………………………………………………………………异形南五味子 *K. heteroclita*
    3. 老藤表面无海绵状栓皮；叶片长圆状披针形或倒卵状披针形，侧脉每边5～7条……………………………………………………………………………………………南五味子 *K. longipedunculata*
  2. 聚合果较小，直径1.2～2 cm。
    4. 聚合果近圆形；雄蕊34～35枚……………………………………………日本南五味子 *K. japonica*
    4. 聚合果椭圆形或倒卵圆形；雄蕊25枚…………………………………………冷饭藤 *K. oblongifolia*

黑老虎 臭饭团、过山龙藤
Kadsura coccinea （Lem.）A. C. Sm.

藤本。全株无毛。叶片革质，长圆形至卵状披针形，基部宽楔形或近圆形，全缘，侧脉每边6～7条。花单生于叶腋，稀成对，雌雄异株；雄花花被片红色，10～16片，中轮最大1片椭圆形。聚合果近球形，红色或暗紫色；小浆果倒卵形，外果皮革质，不显出种子。种子心形或卵状心形。花期4～7月，果期7～11月。

生于山坡疏林或密林中；少见。 根入药，具有行气活血、消肿止痛的功效，为妇科常用药；果熟后味甜，可食。

日本南五味子 南五味子、红骨蛇、美男葛

Kadsura japonica（L.）Dunal

藤本。全株无毛。叶片先端钝或短渐尖，基部楔形，边缘全缘或具疏齿。花单生于叶腋，雌雄异株；雄花花被片淡黄色，有腺点，中轮最大一片椭圆形或倒卵形；花托椭圆形，顶端不伸长，无附属体；雄蕊群近球形或卵球形，花丝与药隔连成梯形，药隔顶端横长圆形，有腺点，药室约与花丝等长；雌花花被片与雄花相似，雌蕊群近球形。小浆果近球形，顶端不增厚。种子栗褐色，肾形或椭圆形。花期3～8月，果期7～11月。

生于山坡密林中；少见。　根及茎入药，具有止渴、解热、镇痛的功效；果实入药，具有镇咳的功效。

南五味子 小钻、小钻骨风

Kadsura longipedunculata Finet et Gagnep.

藤本。全株无毛。叶片长圆状披针形、倒卵状披针形或卵状长圆形，先端渐尖或尖，边缘有疏齿，腹面具淡褐色透明腺点。花单生于叶腋，雌雄异株。聚合果球形；小浆果倒卵球形，外果皮薄革质，干时显出种子。种子肾形或肾状椭圆形。花期6～9月，果期9～12月。

生于山坡疏林、密林中；少见。 根藤入药，具有祛风活血、理气止痛的功效；果味甜，可食。

冷饭藤

Kadsura oblongifolia Merr.

藤本。全株无毛。叶片纸质，长圆状披针形、狭长圆形或狭椭圆形，边缘有不明显的疏齿。花单生于叶腋，雌雄异株。聚合果近球形或椭圆形；小浆果椭圆形或倒卵圆形，顶端外果皮薄，革质，不增厚。种子肾形或肾状椭圆形。花期7～9月，果期10～11月。

生于山坡疏林、密林中；少见。　根入药，具有祛风湿、和肠胃、行气止痛的功效。

五味子属 *Schisandra* Michx.

本属约有22种，分布于亚洲东部和东南部。我国有19种；广西有10种；姑婆山有1种1亚种。

分种检索表

1. 小枝具明显的翼；花被片橘色、黄色或红色，雄花花被片8～10枚…………**翼梗五味子** *S. henryi*
1. 小枝具棱角或狭小翼；花被片黄色，雄花花被片6～8枚……………………………………………………………………………………………………**东南五味子** *S. henryi* subsp. *marginalis*

翼梗五味子
Schisandra henryi C. B. Clarke

落叶木质藤本。小枝具明显的翼，被白粉。叶片宽卵形、长圆状卵形或近圆形，先端短渐尖，基部宽楔形或近圆形，下延成薄翅。雌雄同株；花被片黄色至红色。小浆果红色，球形，直径4～5 mm。种子褐黄色，扁球形或扁长圆形；种皮淡褐色，具乳头状突起或皱突起。花期5～7月，果期8～9月。

生于沟谷边、山坡林下或灌木丛中；少见。　根、藤入药，具有祛风除湿、活血止痛的功效；果入药，具有敛肺止咳、止汗涩精的功效。

番荔枝科 Annonaceae

本科有129属约2300种，广泛分布于热带亚热带地区。我国有24属120种；广西有16属53种；姑婆山有1属1种。

瓜馥木属 *Fissistigma* Griff.

本属约有75种，分布于非洲热带地区、大洋洲和亚洲热带亚热带地区。我国有23种；广西有15种；姑婆山有1种。

瓜馥木 钻山风、铁钻、黑风藤
Fissistigma oldhamii（Hemsl.）Merr.

攀缘灌木。小枝、叶背和叶柄被黄褐色柔毛。叶片革质，倒卵状椭圆形或长圆形，先端圆形或急尖，基部近圆形，腹面无毛，背面被短柔毛，老渐几无毛；叶柄长约1 cm，被短柔毛。花常1～3朵集成密伞花序。果圆球状，直径约1.8 cm，密被黄棕色绒毛；果柄长不及2.5 cm。花期4～9月，果期7月至翌年2月。

生于低海拔山谷水旁灌木丛中；常见。茎皮纤维可编麻绳、麻袋和造纸；果熟时味甜，去皮可食；根、藤入药，具有祛风湿、强筋骨、通筋络、活血调经、止痛的功效；叶可用于哮喘、疮疥。

樟科 Lauraceae

本科有45属2000～2500种，分布于热带地区，有些种类分布到亚热带甚至暖温带地区。我国约有20属445种；广西有10属227种；姑婆山有10属31种1变种。

分属检索表

1. 叶非异型，均为全缘叶。
  2. 花序假伞形或丛生，开花时其下具总苞。
    3. 花药4室。
      4. 发育雄蕊6枚；叶通常具三出脉……………………………………………**新木姜子属** *Neolitsea*
      4. 发育雄蕊9～12枚；叶通常为羽状脉…………………………………………**木姜子属** *Litsea*
    3. 花药2室……………………………………………………………………………**山胡椒属** *Lindera*
  2. 花序通常为圆锥状或总状，无总苞或总苞开花前已脱落。
    5. 花药4室。
      6. 花被裂片在果期全部或部分脱落。
        7. 苞片小，不为叶状；叶片具三出脉、离基三出脉或羽状脉，背面脉腋内常有腺窝……………………………………………………………………………………**樟属** *Cinnamomum*
        7. 苞片大，叶状；叶片具羽状脉，背面脉腋无腺窝…………………**黄肉楠属** *Actinodaphne*
      6. 花被裂片在果期完全宿存。
        8. 宿存花被反曲…………………………………………………………………**润楠属** *Machilus*
        8. 宿存花被直立，紧包果的基部…………………………………………………**楠属** *Phoebe*
    5. 花药2室。
      9. 果实为一增大的花被管所包裹；叶互生，三出脉或羽状脉……………………………………………………………………………………………**厚壳桂属** *Cryptocarya*
      9. 花被管极短，不增大，不能将果实包裹；叶通常近对生，羽状脉………………………………………………………………………………………**琼楠属** *Beilschmiedia*
1. 叶异型，即同一株上有全缘叶和2～3浅裂的叶…………………………………**檫木属** *Sassafras*

黄肉楠属 *Actinodaphne* Nees

本属约有100种，分布于亚洲热带亚热带地区。我国有17种；广西有6种；姑婆山有1种。

毛黄肉楠
Actinodaphne pilosa（Lour.）Merr.

乔木或灌木。小枝幼时密被锈色绒毛。顶芽鳞片外面密被锈色绒毛。叶互生或3～5片聚生成轮生状；叶片倒卵形或有时椭圆形，幼时两面及边缘均密生锈色绒毛，老叶腹面光亮、无毛，背面有锈色绒毛，羽状脉；叶柄被锈色绒毛。花序腋生或枝侧生，由伞形花序组成圆锥状；雄花序花序梗长达7 cm，雌花序花序梗稍短，均密被锈色绒毛。果球形，生于近于扁平的盘状果托上。花期8～12月，果期翌年2～3月。

生于旷野丛林或混交林中；常见。　木材具胶质，刨成薄片泡水后得透明黏液，可供粘布、粘鱼网、作造纸胶和发胶用；树皮与叶入药，具有祛风、消肿、散淤、解毒、止咳的功效。

琼楠属 *Beilschmiedia* Nees

本属约有300种，主要分布于非洲热带地区、亚洲东南部、大洋洲和美洲。我国有40种；广西有20种；姑婆山有1种。

广东琼楠
Beilschmiedia fordii Dunn

乔木。树皮青绿色。顶芽卵状披针形，无毛。叶通常对生；叶片革质，先端短渐尖或钝，基部楔形或阔楔形，两面无毛，干后褐色，腹面通常平滑，中脉腹面下陷，背面突起，侧脉纤细，每边6～10条，侧脉及网脉不明显或略明显；叶柄长1～2 cm。聚伞状圆锥花序通常腋生，长1～3 cm；苞片早落，内面被锈色短柔毛；花黄绿色；花被裂片无毛。果椭圆形，长1.4～1.8 cm，两端圆形，通常具瘤状小突点。花果期6～12月。

生于湿润的山地山谷密林或疏林中；少见。 木材坚硬，可作建筑、车辆、枕木、家具等用材。

樟属 *Cinnamomum* Schaeff.

本属约有250种，分布于亚洲热带地区、澳大利亚至太平洋岛屿和美洲热带地区。我国约有49种；广西有28种；姑婆山有7种。

分种检索表

1. 叶为三出脉或离基三出脉。
  2. 叶脉脉腋有腺体……………………………………………………………………樟 *C.camphora*
  2. 叶脉脉腋无腺体。
    3. 成长叶背面被毛。
      4. 中脉在腹面下陷……………………………………………………………毛桂 *C. appelianum*
      4. 中脉在腹面突起………………………………………………………华南桂 *C. austrosinense*
    3. 成长叶背面无毛。
      5. 花序常为近伞形呈伞房状，少花，具1～5朵花。
        6. 花被外面全然无毛，边缘具乳突小纤毛………………………………野黄桂 *C. jensenianum*
        6. 花被两面密被灰白色短丝毛，边缘不具乳突小纤毛…………………少花桂 *C. pauciflorum*
      5. 花序圆锥状，多花，最末分枝为具3朵花的聚伞花序……………………阴香 *C. burmanni*
1. 叶为羽状脉…………………………………………………………………黄樟 *C. parthenoxylon*

毛桂 山桂皮、香桂皮
Cinnamomum appelianum Schewe

小乔木。枝条略芳香，当年生枝密被污黄色硬毛状绒毛；老枝无毛，黄褐色或棕褐色。叶互生或近对生；叶片椭圆形、椭圆状披针形至卵形或卵状椭圆形。圆锥花序生于当年生枝条基部叶腋内；花白色，极密被黄褐色微硬毛状微柔毛或柔毛。未成熟果椭圆形，绿色。花期4～6月，果期6～8月。

生于山坡或谷地的灌木丛和疏林中；常见。全株入药，具有散血的功效，可用于风湿；树皮入药，具有温中理气、发汗解肌的功效。

华南桂

Cinnamomum austrosinense H. T. Chang

乔木。叶片椭圆形至长圆状披针形，先端骤短尖或长渐尖，腹面中脉及侧脉多少突起，背面密被近丝质短伏柔毛；三出脉或近离基三出脉。圆锥花序生于当年生枝条的叶腋内，三次分枝，分枝最末端通常为具3朵花的聚伞花序，密被贴伏而短的灰褐色微柔毛；花黄绿色；花被内外两面密被灰褐色微柔毛，花被筒倒锥形。果近圆形至椭圆形；果托小而薄，浅杯状。花期6～7月，果期9～10月。

生于山坡或溪边的常绿阔叶林中或灌木丛中；常见。 树皮入药，具有散寒、温中、止痛的功效；果实入药，可用于虚寒胃痛；枝、叶、果及花梗可蒸取桂油，桂油可作轻化工业及食品工业原料；叶研成粉，作熏香原料。

阴香

Cinnamomum burmanni（Nees et T. Nees）Blume

乔木，高达14 m。树皮光滑，灰褐色至黑褐色，内皮红色，味似肉桂。叶互生或近对生；叶片卵圆形至披针形，全缘两面无毛，具离基三出脉。圆锥花序腋生或近顶生，少花，疏散，密被灰白色微柔毛，最末分枝为具3朵花的聚伞花序；花被内外两面密被灰白色微柔毛，花被筒短小，倒锥形。果卵圆形；果托具齿裂，齿顶端截平。花期主要在秋冬季，果期主要在冬末及春季。

生于疏林、密林或灌木丛中，或溪边路边等处；常见。　树皮入药，具有祛风、消肿止痛的功效；全株可提取芳香油，种子油供制肥皂；为良好的绿化树种，可作行道树等。

樟

Cinnamomum camphora（L.）J. Presl

常绿大乔木。树冠广卵形。枝、叶及木材均有樟脑气味。树皮黄褐色，有不规则的纵裂。叶互生；叶片卵状椭圆形，边缘波状，具离基三出脉。花绿白色或带黄色；花被外面无毛或被微柔毛，内面密被短柔毛，花被筒倒锥形。果卵球形或近球形，紫黑色。花期4～5月，果期8～11月。

生于山坡或沟谷中，常有栽培；常见。 根、果、枝和叶入药，具有祛风散寒、强心镇痉、杀虫等功效；木材及根、枝、叶可提取樟脑油，供医药及香料工业用；为优良的绿化树种和行道树种。

黄樟 香樟

Cinnamomum parthenoxylon（Jack）Meisn.

乔木。叶变异较大，但一般为椭圆形或椭圆状卵形，先端急尖，基部阔楔形或近圆形，两面无毛或仅背面腺窝具毛簇，羽状脉，干后腹面黄褐色，呈极细小蜂窝状小窝穴。圆锥花序或圆锥状聚伞花序，无毛。果圆形。花期4～5月，果期4～10月。

生于常绿阔叶林或灌木丛中；少见。 根或茎入药，具有温中散寒、消食化滞的功效；叶、根、木材可蒸取芳香油，是重要的香精原料；种子含脂肪油，供工业用。

少花桂 土桂皮、岩桂

Cinnamomum pauciflorum Nees

乔木。叶片椭圆形至长圆状披针形，基部宽楔形至近圆形，边缘内卷，腹面无毛，背面粉绿色，幼时被疏或密的灰白色短丝毛，老时渐脱落至无毛，三出脉或离基三出脉，侧脉对生。果近圆形至椭圆形，长1～1.5 cm，宽0.8～1.1 cm，熟时紫黑色，具栓质斑点；果托小而薄，浅杯状。花期3～8月，果期9～10月。

生于砂岩上的山地或山谷疏林或密林中；常见。 树皮及根入药，树皮在四川常作“官桂皮”用，具有开胃健脾及散热的功效；枝叶含芳香油，在香料工业应用上价值较大。

厚壳桂属 *Cryptocarya* R. Br.

本属有200～250种，分布于热带亚热带地区，主要分布于马来西亚，远达澳大利亚及中美洲的智利。我国有21种；广西有12种；姑婆山有1种。

硬壳桂 芳果槁、硬壳槁、仁昌桂
Cryptocarya chingii W. C. Cheng

小乔木。老枝灰褐色，无毛。叶互生；叶片长圆形、椭圆状长圆形，极少倒卵形，先端骤然渐尖，间或钝头或微凹，基部楔形，腹面榄绿色，背面粉绿色，晦暗，中脉在腹面下陷，在背面突起。圆锥花序腋生及顶生，花序各部密被灰黄色丝状短柔毛；花被筒陀螺状，花被裂片卵圆形，先端急尖；花丝被柔毛；花药与花丝近等长；子房棍棒状；花柱线形。果椭圆形，幼时绿色，熟时暗深蓝色，无毛。花期6～10月，果期9月至翌年3月。

生于常绿阔叶林中；常见。 木材可作一般家具及器具用材；木材刨片浸水所溶出的黏液可作发胶等。

山胡椒属 *Lindera* Thunb.

本属有100多种，分布于亚洲及北美洲的温带至热带地区。我国有38种；广西有26种；姑婆山有2种1变种。

分种检索表

1. 叶为羽状脉。
   2. 成长叶背面无毛或仅叶脉有毛……………………………………………………黑壳楠 *L. megaphylla*
   2. 成长叶背面被毛………………………………………………………………………山橿 *L. reflexa*
1. 叶为三出脉或离基三出脉………………………………………小叶乌药 *L. aggregata* var. *playfairii*

黑壳楠

Lindera megaphylla Hemsl.

常绿乔木。叶常簇生于枝端；叶片革质，倒卵状披针形、椭圆形或长圆形，长10～24 cm，宽3～7 cm，干后黑褐色，叶面略呈蜂巢状小窝穴。果大，椭圆形；果托扩大呈杯状，包被于果实基部。花期1～3月，果期10～11月。

生于沟谷密林中；少见。 根、树皮或枝入药，具有祛风除湿、温中行气、消肿止痛的功效；叶、果皮含芳香油，油可作调味原料，种子油为不干性油，可作制香皂的原料。

山橿

Lindera reflexa Hemsl.

落叶乔木或灌木。幼枝黄绿色，光滑，被绢状柔毛，不久脱落。叶片阔椭圆形、椭圆形或倒卵状椭圆形，腹面无毛，背面带绿苍白色，被白色柔毛，干后叶面黑色或黑褐色。伞形花序着生于叶芽，两侧各1个，具花序梗，红色，密被红褐色微柔毛。果球形，熟时红色；果梗长1.5～2 cm，被疏柔毛。花期4月，果期 6～7月。

生于山谷、山坡林下或灌木丛中；少见。　枝、叶入药，具有驱蚊的功效；根入药，具有止血、消肿、止痛的功效；种子油可供工业用。

木姜子属 *Litsea* Lam.

本属约有 200 种，主要分布于亚洲热带亚热带地区，少数分布至美洲。我国有 74 种；广西有 37 种；姑婆山有 4 种。

分种检索表

1. 落叶灌木或小乔木；叶片纸质或膜质。
  2. 小枝无毛；叶片背面无毛……………………………………………………山鸡椒 *L. cubeba*
  2. 小枝有毛；叶片背面密被白色柔毛…………………………………………毛叶木姜子 *L. mollis*
1. 常绿灌木或小乔木；叶片革质或薄革质。
  3. 叶片条状披针形，长为宽的4倍以上………………………………竹叶木姜子 *L. pseudoelongata*
  3. 叶片通常为椭圆状披针形，长为宽的2.5倍以下………………………黄丹木姜子 *L. elongata*

山鸡椒 木姜子

Litsea cubeba（Lour.）Pers.

落叶灌木或小乔木。幼树树皮黄绿色，光滑；老树树皮灰褐色。小枝细长，绿色，无毛；枝、叶具芳香味。叶互生；叶片披针形或长圆形，纸质，腹面深绿色，背面粉绿色，两面均无毛。伞形花序单生或簇生。果无毛，幼时绿色，熟时黑色。花期2～3月，果期7～8月。

生于山坡疏林中，常见。 根入药，具有祛风散寒、健胃消食、温暖脾胃、理气止痛的功效；叶入药，外用于痈肿疮疖、乳痈、虫蛇咬伤；果实入药，可用于食积气滞、胃痛、痢疾、反胃呕吐、感冒头痛、血吸虫病等；果皮可提取芳香油。

黄丹木姜子
Litsea elongata（Wall. ex Ness）Benth. et Hook. f.

常绿小乔木或中型乔木。幼枝、叶柄和花序密被锈色毛。叶片革质，变异较大，但通常为椭圆状披针形，罕有倒卵形或倒披针形，背面中脉及侧脉上有绒毛状长柔毛，小脉有短柔毛。伞形花序单生，少簇生；花序梗通常较粗短，长2～5 mm，密被褐色绒毛。果长圆形；果托浅杯状。花期5～11月，果期2～6月。

生于山坡路边、溪旁疏林中，常见。　木材可供建筑及制家具等用；种子可榨油，供工业用。

毛叶木姜子

Litsea mollis Hemsl.

落叶灌木或小乔木。小枝被柔毛。顶芽圆锥形，鳞片外面被柔毛。叶互生或聚生枝顶；叶片长圆形或椭圆形，基部楔形，腹面无毛，背面带绿苍白色，密被白色柔毛，羽状脉，侧脉每边6～9条，中脉在叶两面突起；叶柄长1～1.5 cm，被白色柔毛。伞形花序腋生，常2～3个簇生于短枝上，有白色短柔毛；花被裂片6片，黄色。果球形，熟时蓝黑色；果梗长5～6 mm，有稀疏短柔毛。花期3～4月，果期9～10月。

生于山坡灌木丛中或阔叶林密林中，常见。 果含芳香油，可用于制香皂；根和果实可入药，果实在湖北民间代山鸡椒作毕澄茄使用。

竹叶木姜子
Litsea pseudoelongata H. Liu

常绿小乔木。幼枝有灰色柔毛。顶芽卵圆形，鳞片外面被丝状短柔毛。叶互生；叶片宽条形，基部急尖略下延，腹面略有光泽，背面粉绿色，有时带锈黄色，幼时被柔毛，羽状脉，侧脉每边15～20条，中脉在腹面下凹，在背面突起；叶柄长5～9 mm，初时被柔毛。伞形花序常3～5个簇生在枝顶叶腋短枝上；每雄花序有花4朵；花被裂片6片，外面被柔毛，内面无毛，有香味。果长卵形，长约1 cm；果托浅杯状，边缘有圆齿，外面有短柔毛。花期5～6月，果期10～12月。

生于山坡疏林中；常见。

润楠属 *Machilus* Nees

本属约有100种，分布于亚洲东南部和东部的热带亚热带地区。我国约有82种；广西有45种；姑婆山有6种。

分种检索表

1. 花被裂片外面无毛。
    2. 中脉在腹面突起；叶片宽椭圆形或椭圆形……………………………基脉润楠 *M. decursinervis*
    2. 中脉在腹面下凹。
        3. 花序顶生或近顶生；叶片倒卵形或倒卵状披针形；苞片被锈色毛…………红楠 *M. thunbergii*
        3. 花序生于当年生枝下端或兼有近顶生者；苞片不被红锈色绒毛………木姜润楠 *M. litseifolia*
1. 花被裂片外面有绒毛、柔毛或绢毛。
    4. 花被裂片外面被绒毛………………………………………………………………绒毛润楠 *M. velutina*
    4. 花被裂片外面被柔毛或绢毛。
        5. 小枝或嫩枝被毛……………………………………………………………芳槁润楠 *M. gamblei*
        5. 枝条无毛…………………………………………………………………薄叶润楠 *M. leptophylla*

基脉润楠 香皮树
Machilus decursinervis Chun

乔木或小乔木。小枝粗壮，全株除冬芽外秃净。叶片厚革质，长10～17 cm，宽5～10 cm，侧脉每边8～12条，基部1对沿叶柄下延，腹面暗黄绿色，背面褐色带粉白。圆锥花序3～8个顶生，无毛，粗壮。果序近伞形或丛聚在小枝上端叶腋内；果球形，直径约1.2 cm；宿存花被裂片近相等，钝头；果梗长1～1.5 cm。花期4月，果期6月。

生于海拔500～1100 m的山地阔叶林中；常见。

绒毛润楠 绒楠、香胶木

Machilus velutina Champ. ex Benth.

乔木。枝、芽、叶背面和花序均密被锈色绒毛。叶片狭倒卵形、椭圆形或狭卵形，先端渐狭或短渐尖，基部楔形，革质，腹面有光泽。花序单独顶生或数个密集在小枝顶端，近无花序梗，分枝多而短；花黄绿色。果球形，紫红色。花期10～12月，果期翌年2～3月。

生于山坡或谷地疏林中；少见。 木材坚硬、耐水湿，可作家具和薪炭用材；种子油可作润滑油等。

新木姜子属 *Neolitsea*（Benth.）Merr.

本属约有85种，分布于亚洲东南部和东部的热带亚热带地区。我国约有45种；广西有25种；姑婆山有6种。

分种检索表

1. 叶具离基三出脉。
  2. 叶背面无毛……………………………………………………………………鸭公树 *N. chui*
  2. 叶背面有毛，至少幼时被毛。
    3. 叶较大，长15～31 cm，宽4.5～9 cm………………………………大叶新木姜子 *N. levinei*
    3. 叶较小，多数长在10 cm以下，宽在4 cm以下。
      4. 嫩枝、叶柄均无毛……………………………………………卵叶新木姜子 *N. ovatifolia*
      4. 嫩枝、叶柄密被褐色短柔毛………………………………短梗新木姜子 *N. brevipes*
1. 叶具羽状脉。
  5. 幼枝无毛……………………………………………………………羽脉新木姜 *N. pinninervis*
  5. 幼枝有毛………………………………………………………锈叶新木姜子 *N. cambodiana*

锈叶新木姜子
Neolitsea cambodiana Lecomte

乔木。幼枝、芽、叶柄、叶片背面和腹面沿脉部分、花及果梗均密被锈黄色绒毛。叶3～5片近轮生；叶片基部楔形，幼叶两面密被锈色绒毛，后毛渐脱落，羽状脉或近似远离基三出脉，侧脉每边4～5条，弯曲上升，中脉、侧脉两面突起，背面横脉明显；叶柄长1～1.5 cm，密被锈色绒毛。伞形花序多个簇生于叶腋或枝侧，无花序梗或近无花序梗，每花序有花4～5朵。果球形，直径8～ 10 mm；果托扁平盘状，边缘常残留有花被片；果梗被柔毛。花期10～12月，果期翌年7～8月。

生于海拔1000 m以下的山地混交林中；常见。 果实可榨油作工业用；树皮可提取树胶，作糊料；叶入药，外用于疮疥肿毒。

鸭公树 大新木姜、假桂皮、大叶樟

Neolitsea chui Merr.

乔木，高8～18 m。除花序被柔毛外均无毛。叶在小枝先端簇生；叶片椭圆形至卵状椭圆形，具离基三出脉，侧脉3～5对，末端不弯拱连接，横行小脉不明显；叶柄长2～4 cm。伞形花序腋生或侧生，5～6朵花成簇。果椭圆形，红色；果梗稍增粗。花期9～10月，果期11～12月。

生于山坡疏林中；常见。 种子入药，具有行气止痛、利水消肿的功效，可用于胃脘胀痛、水肿；果核含油量为53.2%，种仁含油量为67.1%，油可制肥皂或作润滑油。

大叶新木姜子 土玉桂、假玉桂

Neolitsea levinei Merr.

乔木。树皮灰褐色至深褐色，平滑。小枝圆锥形；顶芽大，卵圆形；鳞片外面被锈色短柔毛。叶轮生；叶片长圆状披针形至长圆状倒披针形或椭圆形，先端短尖或突尖，基部尖锐，革质，腹面深绿色，有光泽，无毛，背面带绿苍白色，离基三出脉，中脉、侧脉在两面均突起，横脉在叶背面明显。伞形花序数个生于枝侧；花梗密被黄褐色柔毛；花被卵形，黄白色。果椭圆形或球形，熟时黑色；果梗密被柔毛，顶部略增粗。花期3～4月，果期8～10月。

生于山坡密林中；常见。　树皮入药，具有祛风除湿的功效；根入药，可用于带下病、跌打损伤、痈肿疮毒；果实入药，具有祛风散寒的功效，可用于胃寒痛。

楠属 *Phoebe* Nees

本属约有100种，分布于亚洲及美洲热带地区。我国有35种；广西有14种；姑婆山有2种。

分种检索表

1. 果较大，长1.1～1.5 cm，椭圆状卵形、椭圆形至近长圆形；宿存花被片紧贴于果的基部………闽楠 *P. bournei*

1. 果较小，长约1 cm，卵形；宿存花被片松散，有时先端外倾………………………紫楠 *P. sheareri*

闽楠

Phoebe bournei（Hemsl.）Yen C. Yang

大乔木。树干通直，分枝少，老树皮灰白色。叶片革质或厚革质，披针形或倒披针形，腹面发亮，背面有短柔毛，脉上被伸展长柔毛，有时具缘毛，中脉腹面下陷，侧脉每边10～14条，横脉及小脉多而密，在背面结成十分明显的网格状。圆锥花序通常3～4个，生于新枝中部和下部，被毛，长3～10 cm；花被片卵形，两面被短柔毛。果椭圆形或长圆形；宿存花被片外面被毛，紧贴。花期4月，果期10～11月。

生于山地沟谷阔叶林中；罕见。　国家二级重点保护野生植物；木材纹理直，结构细密，芳香，不易变形及遭虫蛀，也不易开裂，可作建筑、家具等用材。

紫楠

Phoebe sheareri（Hemsl.）Gamble

大灌木至乔木。小枝、叶柄及花序密被黄褐色或灰黑色柔毛或茸毛。叶片革质，倒卵形、椭圆状倒卵形或阔倒披针形，先端突渐尖或突尾状渐尖，基部渐狭，腹面完全无毛或沿叶脉有毛，背面密被黄褐色长柔毛，少为短柔毛，侧脉在边缘连结。圆锥花序在顶端分枝；花被片两面被毛。果长约1 cm，果梗略增粗，被毛。花期4～5月，果期9～10月。

生于沟谷疏林中；常见。　木材纹理直，结构细，质坚硬，耐腐性强，可作建筑、造船、家具等用材。

檫木属 *Sassafras* J. Presl

本属有3种，分布于亚洲东部及北美洲。我国有2种；广西有1种；姑婆山亦有。

檫木

Sassafras tzumu（Hemsl.）Hemsl.

落叶乔木。顶芽鳞片近圆形，外面密被绢毛。叶互生，聚集于枝顶；叶片具羽状脉或离基三出脉，异形，不分裂或2～3浅裂。花单性，或明显两性但功能上为单性，通常雌雄异株；总状花序（假伞形花序）顶生；花被黄色，花被裂片6枚，排成2轮，近相等；雄花能育雄蕊9枚，着生于花被筒喉部，退化雄蕊3枚或无；雌花退化雄蕊6枚或12枚。核果卵球形，熟时深蓝色，基部有浅杯状的果托。花期3～4月，果期5～9月。

生于山坡、山顶疏林或密林中；少见。 木材材质优良，可用于造船、水车及上等家具；根和树皮入药，具有活血散瘀、祛风去湿的功效。

毛茛科 Ranunculaceae

本科约有60属2500种，全球广泛分布，主产于北温带地区。我国有28属921种；广西有15属78种；姑婆山有7属17种2变种。

分属检索表

1. 藤本；叶对生，单叶、三出复叶或羽状复叶……铁线莲属 *Clematis*
1. 直立草本；叶基生或同时有互生的茎生叶。
  2. 叶为单叶或三出复叶。
    3. 萼片白色或带紫色。
      4. 子房有数颗或多数胚珠；果为蓇葖果……天葵属 *Semiaquilegia*
      4. 子房有1个胚珠；果为瘦果……银莲花属 *Anemone*
    3. 萼片绿色或黄绿色。
      5. 果为蓇葖果……黄连属 *Coptis*
      5. 果为瘦果……毛茛属 *Ranunculus*
  2. 叶为二回至四回三出复叶或鸟足状复叶。
    6. 叶为二回至四回三出复叶……唐松草属 *Thalictrum*
    6. 叶为鸟足状复叶……人字果属 *Dichocarpum*

银莲花属 *Anemone* L.

本属约有150种，除南极外全球均有分布，主要分布于温带。我国约有53种；广西有5种1变种；姑婆山有1种。

打破碗花花
Anemone hupehensis （Lemoine） Lemoine

多年生草本，株高20～120 cm。基生叶3～5片，通常为三出复叶，有时1～2片或全部为单叶；中央小叶片卵形或宽卵形，基部圆形或心形，不分裂或3～5浅裂，边缘有齿，两面有疏糙毛；侧生小叶较小；叶柄长3～36 cm，疏被柔毛，基部有短鞘。花葶直立，疏被柔毛；聚伞花序二回至三回分枝；苞片3枚，稍不等大，为三出复叶，形似基生叶；萼片5枚，紫红色或粉红色，外面有短绒毛。聚合果球形，直径约1.5 cm；瘦果密被绵毛。花期7～10月。

生于低山或丘陵的草坡或沟边。 根茎、全草有毒，可入药，具有清热利湿、理气祛瘀、驱虫、杀虫的功效；全草可作土农药。

铁线莲属 *Clematis* L.

本属约有300种，广泛分布于全球。我国有147种；广西有43种；姑婆山有9种1变种。

分种检索表

1. 叶为单叶。
  2. 叶两面疏被短伏毛；通常单花……………………………………………………单叶铁线莲 *C. henryi*
  2. 叶两面无毛；圆锥花序具少数花…………………………………菝葜叶铁线莲 *C. smilacifolia*
1. 叶为复叶。
  3. 叶为三出复叶。
    4. 茎、枝条、花序及萼片外面密被锈色或金黄色长柔毛…………锈毛铁线莲 *C. leschenaultiana*
    4. 茎、枝条、花序及萼片外面无毛或被黄色短柔毛。
      5. 茎、叶密被短柔毛；小叶边缘有齿………………钝齿铁线莲 *C. apiifolia* var. *argentilucida*
      5. 茎、叶无毛；小叶边缘全缘。
        6. 圆锥花序腋生，基部有鳞片……………………………………………………小木通 *C. armandii*
        6. 腋生花序基部无鳞片。
          7. 聚伞花序通常有3朵花……………………………………………………山木通 *C. finetiana*
          7. 圆锥花序有多朵花。
            8. 小叶的细脉隆起，形成明显的脉网；花药药隔顶端稍突出，花丝平滑…………… ……………………………………………………………………毛柱铁线莲 *C. meyeniana*
            8. 小叶的细脉平，脉网不明显；花药药隔顶端不突出，花丝皱缩…………………… ……………………………………………………………………厚叶铁线莲 *C. crassifolia*
  3. 叶为一回至二回羽状复叶。
    9. 叶、花序、子房及瘦果均无毛；瘦果圆柱状钻形………………………柱果铁线莲 *C. uncinata*
    9. 茎、叶、花序、子房及瘦果多少被短柔毛；瘦果卵形……………………威灵仙 *C. chinensis*

钝齿铁线莲

Clematis apiifolia var. *argentilucida*（H. Lév. et Vaniot）W. T. Wang

藤本。小枝、花序梗和花梗密生贴伏短柔毛。三出复叶；小叶片卵形或宽卵形，长2.5～8 cm，宽1.5～7 cm，背面密生短柔毛，边缘有少数钝齿。圆锥状聚伞花序多花，萼片开展，白色，狭倒卵形，外面被短柔毛。瘦果纺锤形或狭卵形，顶端渐尖，不扁，被柔毛。花期7～9月，果期9～10月。

生于路边、山坡疏林中；少见。茎入药，可用于尿路感染、小便不利、肾炎水肿、闭经、乳汁不通等。

威灵仙 铁脚威灵仙

Clematis chinensis Osbeck

木质藤本。茎、小枝近无毛或疏生短柔毛。一回羽状复叶有5小叶；小叶片纸质，窄卵形至披针形，边缘全缘，两面近无毛。常为圆锥状聚伞花序，多花，腋生或顶生；萼片4枚，开展，白色，长圆形或长圆状倒卵形。瘦果卵形至宽椭圆形，被柔毛。花期6～9月，果期8～11月。

生于路边、山坡疏林中；常见。 根及根状茎入药，具有祛风除湿、消痞化积、通络止痛的功效；全株可作土农药。

厚叶铁线莲
Clematis crassifolia Benth.

藤本。全株除心皮及萼片外，其余无毛。茎紫红色，圆柱形，有纵条纹。三出复叶；小叶片革质，基部楔形至近圆形，边缘全缘。圆锥状聚伞花序腋生或顶生，多花，长而舒展；花直径2.5～4 cm；萼片4枚，开展，白色或略带水红色，外面近无毛，边缘密生短绒毛，内面有较密短柔毛；雄蕊无毛。瘦果镰刀状狭卵形，长4～6 mm，被柔毛。花期12月至翌年1月，果期2月。

生于山谷、平地、溪边、路边的密林或疏林中，少见。 根及根状茎入药，可用于风湿骨痛、小儿惊风、咽喉肿痛、毒蛇咬伤等。

山木通 拟威灵仙

Clematis finetiana H. Lév. et Vaniot

木质藤本，无毛。茎圆柱形，有纵条纹，小枝有棱。三出复叶，基部有时为单叶；小叶片薄革质或革质，卵状披针形或狭卵形至卵形，先端锐尖至渐尖，基部圆形、浅心形或斜肾形，全缘，两面无毛。花常单生，或为聚伞花序、总状聚伞花序，腋生或顶生；苞片小，钻形，有时下部苞片为宽线形至三角状披针形；萼片开展，白色，狭椭圆形或披针形，外面边缘密生短绒毛；雄蕊无毛。瘦果镰状纺锤形，被柔毛。花期4～6月，果期7～11月。

生于山坡疏林、溪边、路边灌木丛；常见。　全草入药，具有清热解毒、止痛、活血、利尿的功效；花入药，具有祛风利湿、活血解毒的功效。

锈毛铁线莲 齿叶铁线莲

Clematis leschenaultiana DC.

木质藤本。茎圆柱形，有纵沟纹，密被开展的金黄色长柔毛。三出复叶；小叶片纸质，卵圆形、卵状椭圆形至卵状披针形，先端渐尖或有短尾，基部圆形或浅心形，常偏斜，上部边缘有钝齿，下部边缘全缘；基出脉3～5条；叶柄圆柱形，密被开展的黄色柔毛。聚伞花序腋生，密被黄色柔毛；萼片4枚，黄色，卵圆形至卵状椭圆形，外面密被金黄色柔毛。瘦果狭卵形，被棕黄色短柔毛。花期1～2月，果期3～4月。

生于山坡灌木丛中或林缘；常见。 叶入药，可用于疮毒、角膜炎、四肢痛等。

毛柱铁线莲
Clematis meyeniana Walp.

木质藤本。茎、叶及花序均无毛。三出复叶；小叶片近革质，卵形或卵状长圆形，有时为宽卵形，基部圆形、浅心形或宽楔形，边缘全缘，两面无毛。圆锥状聚伞花序具多朵花，腋生或顶生，常比叶长或与叶近等长；苞片钻形；萼片4枚，开展，白色，长椭圆形或披针形，外面边缘有绒毛，内面无毛；雄蕊无毛。瘦果镰刀状狭卵形或狭倒卵形，长约4.5 mm，被柔毛，宿存花柱长达2.5 cm。花期6～8月，果期8～10月。

生于山坡疏林及路边灌木丛中或山谷、溪边；常见。　根、茎入药，具有破血通经、活络止痛的功效；茎皮纤维可用于造纸、搓绳。

菝葜叶铁线莲

Clematis smilacifolia Wall.

木质藤本。枝无毛。叶为单叶；叶片革质，狭卵形，长10～16 cm，边缘全缘，两面无毛；叶柄长3.5～6 cm。圆锥花序有稀疏的花，花序梗长1～11 cm；花梗长4～5 cm，有锈色短绒毛；萼片4～5枚，紫色，近长圆形，长约1.6 cm，外面密被锈色短绒毛；雄蕊无毛。瘦果窄卵圆形，长约6 mm，被柔毛；宿存花柱长5～8 cm，羽毛状。花期11～12月。

生于山坡疏林中或林缘灌木丛中；少见。　全草入药，具有利尿通淋的功效。

人字果属 *Dichocarpum* W. T. Wang et P. K. Hsiao

本属约有15种，分布于亚洲东部及喜马拉雅山区。我国有11种；广西有2种；姑婆山有1种。

蕨叶人字果

Dichocarpum dalzielii（J. R. Drumm. et Hutch.）W. T. Wang et P. K. Hsiao

植株全体无毛。根状茎较短，密生多数黄褐色的须根。叶全部基生，为鸟趾状复叶。复单歧聚伞花序；花萼片白色，倒卵状椭圆形，先端钝尖；花瓣金黄色，近圆形，先端微凹或有时全缘，常在凹缺中央具1个小短尖。蓇葖果倒“人”字状叉开，狭倒卵状披针形。花期4～5月，果期5～6月。

生于山地密林下、溪旁及沟边等阴湿处；常见。　全草、根状茎入药，具有清热解毒、活血止痛、消肿的功效。

毛茛属 *Ranunculus* L.

本属约有550种，广泛分布于各大洲（除南极外）。我国有125种；广西有8种；姑婆山有4种。

分种检索表

1. 茎无毛……………………………………………………………………………石龙芮 *R. sceleratus*
1. 茎被开展的糙毛。
    2. 基生叶为单叶，三深裂……………………………………………………………毛茛 *R. japonicus*
    2. 基生叶为三出复叶。
        3. 茎直立；花排成顶生的花序………………………………………………禺毛茛 *R. cantoniensis*
        3. 茎铺散，下部在节上生根；花对叶而生……………………………扬子毛茛 *R. sieboldii*

禺毛茛 小回回蒜

Ranunculus cantoniensis DC.

多年生草本。须根伸长，簇生。茎与叶柄均被开展糙毛。叶为三出复叶；叶片宽卵形至肾圆形，小叶卵形至宽卵形，边缘密生齿或齿牙，先端稍尖，两面贴生糙毛。花序有较多花，疏生；花瓣5片，椭圆形，基部狭窄成爪，蜜槽上有倒卵形小鳞片。聚合果近球形；瘦果扁平。花果期4～7月。

生于平原或丘陵田边、沟旁水湿地；常见。　全草含原白头翁素，有毒，入药具有解毒消炎的功效，捣敷发泡，可用于黄疸、目疾；还可作土农药。

毛茛

Ranunculus japonicus Thunb.

多年生草本。茎直立，中空，被开展或贴伏的柔毛。基生叶多数；叶片圆心形或五角形，基部心形或截形，通常3深裂不达基部，中裂片3浅裂，边缘有粗齿或缺刻，侧裂片不等，2裂，两面贴生柔毛，背面或幼时的毛较密；下部叶片较小，3深裂，裂片披针形，有尖齿牙或再分裂；最上部叶线形，全缘，无柄。聚伞花序疏散，花直径约1.5 cm，花托无毛。瘦果扁平，长约2.5 mm。花果期4～9月。

生于田边、沟旁和林缘路边的湿草地上；常见。　全草含原白头翁素，有毒，可作发泡剂和杀菌剂，捣碎外敷，可截疟、消肿和治疮癣。

石龙芮

Ranunculus sceleratus L.

一年生草本。基生叶肾状圆形，基部心形，裂片倒卵状楔形，无毛；茎生叶多数，下部叶与基生叶相似；上部叶3全裂，边缘全缘，无毛，基部扩大成膜质宽鞘抱茎。聚伞花序有多朵花；花直径4～8 mm；花托伸长、被毛；花梗长1～2 cm，无毛；花瓣5片，等长或稍长于萼片，基部有短爪。聚合果长圆形；瘦果倒卵圆形，无毛，喙短至近无，点状。花果期5～8月。

生于河沟边及湿地；少见。　全草含原白头翁素，有毒，入药具有消结核、截疟的功效，可用于痈肿、疮毒、蛇毒和风寒湿痹。

扬子毛茛 半匍匐毛茛、狮子球

Ranunculus sieboldii Miq.

多年生草本。基生叶与茎生叶相似，为三出复叶；叶片圆肾形至宽卵形，基部心形，中央小叶宽卵形或菱状卵形，3浅裂至较深裂，边缘有齿；叶柄密生开展的柔毛。花与叶对生；花梗密生柔毛；萼片狭卵形，外面被柔毛；花瓣5片，黄色或上面变白色，狭倒卵形至椭圆形，下部渐窄成长爪。聚合果圆球形；瘦果扁平，无毛。花果期5～10月。

生于沟谷疏林中或林缘；常见。 全草有毒，入药，具有截疟的功效，捣碎外敷，可用于毒疮、腹水浮肿。

天葵属 *Semiaquilegia* Makino

本属有 3 种，分布于中国、日本和韩国。我国有 2 种；广西 2 种均产；姑婆山有 1 种。

天葵 千年老鼠屎、耗子屎

Semiaquilegia adoxoides（DC.）Makino

多年生草本。块根长1～2 cm，直径3～6 mm，外皮棕黑色。茎1～5条，被稀疏的白色柔毛。基生叶多数，为掌状三出复叶；叶片轮廓卵圆形至肾形；小叶扇状菱形或倒卵状菱形，3深裂；茎生叶与基生叶相似，较小。花小；萼片白色，常带淡紫色。蓇葖果卵状长椭圆形。花期3～4月，果期4～5月。

生于疏林下、路边或山谷阴湿处；常见。 根状茎称“天葵子”，是一种较常用的中药材，有小毒，可用于疮疖肿、乳腺炎、扁桃体炎、淋巴结核、跌打损伤；块根也可作土农药，防治蚜虫、红蜘蛛、稻螟等害虫。

唐松草属 *Thalictrum* L.

本属约有150种，分布于全球，主要产于温带地区。我国有76种；广西有5种；姑婆山有1种。

阴地唐松草

Thalictrum umbricola Ulbr.

植株无毛，纤细。基生叶为二回或三回三出复叶，小叶薄草质，近圆形、圆菱形或宽倒卵形，基部圆形、浅心形或钝，3浅裂，脉平或在背面稍隆起，脉网不明显或稍明显；茎生叶小，为一回或二回三出复叶。花序有少数花，伞房状；萼片4枚，白色，卵形，早落；雄蕊多数，花药黄色，椭圆形或长圆形，花丝上部狭倒披针形。瘦果纺锤形，扁。花期3～4月。

生于山坡疏林中；常见。

小檗科 Berberidaceae

本科有 17 属约 650 种，主要分布于北温带地区。我国有 11 属约 300 种；广西有 5 属 35 种；姑婆山有 4 属 5 种。

分属检索表

1. 灌木或小乔木；叶非盾状。
 2. 叶为单叶，常具刺状齿……………………………………………………………………小檗属 *Berberis*
 2. 叶为奇数羽状复叶。
  3. 叶为二回至三回奇数羽状复叶；花白色……………………………………………南天竹属 *Nandina*
  3. 叶为一回奇数羽状复叶；花黄色………………………………………………十大功劳属 *Mahonia*
1. 多年生草本；叶盾状……………………………………………………………………鬼臼属 *Dysosma*

小檗属 *Berberis* L.

本属约有500种，主产于北温带地区。我国有215种；广西有5种；姑婆山有1种。

豪猪刺

Berberis julianae C. K. Schneid.

常绿灌木。茎刺粗壮，3分叉，腹面具槽。叶片革质，椭圆形、披针形或倒披针形，先端渐尖，基部楔形，腹面中脉凹陷，背面中脉隆起，边缘每边具10～20枚刺状齿。花10～25朵簇生，黄色；花瓣先端缺裂，基部缢缩呈爪状，具2个长圆形腺体。浆果长圆形，熟时蓝黑色，顶端具宿存花柱，被白粉。花期3月，果期5～11月。

生于山坡、山顶或林缘灌木丛中；少见。 根可制黄色染料；含多种生物碱，可供药用，具有清热解毒、消炎抗菌的功效。

鬼臼属 *Dysosma* Woodson

本属有7～10种，分布于中国和越南北部。我国有7种；广西有4种；姑婆山有2种。

分种检索表

1. 叶互生；花着生于离叶基部不远处……………………………………………………八角莲 *D. versipellis*
1. 叶对生；花着生于叶腋………………………………………………………………………六角莲 *D. pleiantha*

八角莲

Dysosma versipellis（Hance）M. Cheng ex T. S. Ying

多年生草本。根状茎粗壮，多须根；茎直立，不分枝，无毛，淡绿色。茎生叶2片，互生；叶片盾状着生，近圆形，4～9掌状浅裂，裂片阔三角形、卵形或卵状长圆形，先端锐尖，不分裂，腹面无毛，背面被柔毛，边缘具细齿。花深红色，5～8朵簇生于叶基部不远处，下垂；萼片6枚，长圆状椭圆形，先端急尖，外面被短柔毛，内面无毛；花瓣6片，勺状倒卵形，无毛；子房椭圆形，无毛。浆果椭圆形。种子多数。花期3～6月，果期5～9月。

生于山坡林下、灌木丛中或溪旁阴湿处；少见。 国家二级重点保护野生植物；根状茎入药，具有清热解毒、活血化瘀的功效。

十大功劳属 *Mahonia* Nutt.

本属约有60种，分布于亚洲东部、东南部，北美洲、中美洲和南美洲西部。我国约有31种；广西有18种；姑婆山有1种。

沈氏十大功劳
Mahonia shenii Chun

常绿灌木。叶片卵状椭圆形，具1～6对小叶，最下一对小叶距叶柄基部3.5～14 cm，小叶无柄，狭至阔椭圆形或倒卵形，边缘全缘或近先端具1～3枚不明显的齿，干后边缘反卷。总状花序6～10个簇生；苞片卵形；外萼片卵形；花瓣倒卵状长圆形，黄色基部腺体不明显，先端全缘、圆钝。浆果近球形，熟时蓝色，被白粉，无宿存花柱。花期4～9月，果期10～12月。

生于常绿落叶阔叶混交林下或灌木丛中；少见。　根、茎入药，具有清热解毒、泻火消炎的功效；外用于刀伤、烧烫伤、眼结膜炎、赤眼、痈疮肿毒。

南天竹属 *Nandina* Thunb.

本属仅有1种，分布于中国和日本。广西姑婆山也有。

南天竹 天竹、天竺子
Nandina domestica Thunb.

常绿小灌木。茎光滑无毛；幼枝常为红色。叶互生，三回羽状复叶，长30～50 cm；二回至三回羽片对生；小叶片长2～10 cm，宽0.5～2 cm，边缘全缘，两面无毛。圆锥花序直立，长20～35 cm；花白色。浆果球形，直径5～8 mm，熟时鲜红色，稀橙红色。花期3～6月，果期5～11月。

生于沟谷疏林中；常见。 根、叶入药，具有强筋活络、消炎解毒的功效；为庭园观赏植物。

木通科 Lardizabalaceae

本科有9属约50种，大部分分布于亚洲东部，只有2属分布于南美洲的智利。我国有7属37种；广西有5属13种3亚种；姑婆山有3属5种1亚种。

分属检索表

1. 小叶片两侧对称；花丝很短或近于无花丝，花药内弯。
   2. 内、外2轮萼片形状通常近似且先端钝；蜜腺状花瓣6枚，小；雄蕊分离……………………………………………………………………………………………………八月瓜属 *Holboellia*
   2. 外轮萼片披针形，渐尖，内轮通常线形，有6枚蜜腺状花瓣或无花瓣；雄蕊花丝合生为管状或上部分离…………………………………………………………………………野木瓜属 *Stauntonia*
1. 小叶片两侧不对称；具花丝，花药直……………………………………………大血藤属 *Sargentodoxa*

八月瓜属 *Holboellia* Wall.

本属有 20 种，分布于亚洲东南部以及喜马拉雅地区。我国有 9 种；广西有 4 种；姑婆山有 1 种。

鹰爪枫

Holboellia coriacea Deils

常绿木质藤本。羽状3小叶；小叶厚革质；顶小叶长2～15 cm，宽1～8 cm，先端渐尖或微凹，具小尖头，中脉在腹面凹入，在背面突起，基生三出脉。花雌雄同株，白绿色或紫色，组成短的伞房式总状花序；雌花萼片紫色。蓇葖果长圆状柱形，长5～6 cm；直径约3 cm，熟时紫色，干后黑色，外面密布小疣点。花期4～5月，果期6～8月。

生于山地杂木林或路边灌木丛中；少见。　果可食用，也可酿酒；根和茎皮入药，具有祛风除湿、活血止痛的功效。

野木瓜属 *Stauntonia* DC.

本属有25种，分布于亚洲东部。我国有20种；广西有6种；姑婆山3种1亚种。

分种检索表

1. 花有蜜腺状花瓣6片；萼片外面淡黄色或乳白色，内面紫红色。
  2. 小叶3片，羽状……………………………………………………………………牛藤果 *S. elliptica*
  2. 小叶通常5～7片，近枝顶的有时为3～4片，指状………………………………野木瓜 *S. chinensis*
1. 花无蜜腺状花瓣；萼片两面颜色相同。
  3. 小叶背面无斑点，倒卵形、倒卵状长圆形或匙形………尾叶那藤 *S. obovatifoliola* subsp. *urophylla*
  3. 小叶背面在网脉间密布近白色斑点……………………………………西南野木瓜 *S. cavalerieana*

野木瓜 七叶莲、假荔枝、牛牙标
Stauntonia chinensis DC.

木质藤本。掌状复叶有小叶5～7片；小叶长圆形、椭圆形或长圆状披针形；老叶背面斑点明显。花雌雄同株，通常3～4朵组成伞房式总状花序；雄花萼片外面淡黄色或乳白色，内面紫红色；雌花萼片与雄花的相似但稍大。果长圆形，种子近三角形。花期3～4月，果期6～10月。

生于山地密林、山腰灌木丛或山谷溪边疏林中；常见。　全株药用，具有舒筋活络、镇痛排脓、解热利尿、通经导湿的功效。

尾叶那藤 七叶木通、五指那藤、白九牛

Stauntonia obovatifoliola subsp. *urophylla*（Hand.-Mazz.）H. N. Qin

木质藤本。掌状复叶有小叶5～7片；叶柄长3～8 cm；小叶革质，长4～10 cm，宽2～4.5 cm，先端骤缩为狭而弯的长尾尖；侧脉每边6～9条。总状花序数个簇生于叶腋，每个花序有3～5朵淡黄绿色的花。浆果长4～6 cm，直径3～3.5 cm。花期4月，果期6～7月。

生于山坡疏林或灌木丛中；少见。 茎藤、根、果实入药，具有止痛、强心镇静、利尿、驱虫的功效。

大血藤属 *Sargentodoxa* Rehder et E. H. Wilson

本属有1种，分布于中国、老挝和越南。我国1种，姑婆山亦有。

大血藤 红藤、大红藤

Sargentodoxa cuneata（Oliv.）Rehder et E. H. Wilson

落叶木质藤本。藤径达9 cm，全株无毛。当年生枝条暗红色，老树皮有时纵裂。叶互生，三出复叶；顶生小叶菱状倒卵形，侧生小叶较大，斜卵形，两侧极不对称。总状花序；花多数，黄色或黄绿色。浆果近球形，熟时黑蓝色。种子卵球形；种皮黑色。花期4～5月，果期6～9月。

生于山坡密林中或林缘；罕见。 根及茎入药，具有活血祛瘀、通经活络的功效；藤去皮后可编制家具、绳索，并可提取烤胶，纤维可制人造棉和造纸。

防己科 Menispermaceae

本科有65属350多种，分布于热带亚热带地区，温带地区很少。我国有19属77种；广西有12属46种；姑婆山有3属7种。

分属检索表

1. 叶柄盾状着生。
   2. 萼片2轮，极少1轮；花瓣离生……………………………………千金藤属 *Stephania*
   2. 萼片1轮；花瓣合生………………………………………………轮环藤属 *Cyclea*
1. 叶柄基部着生………………………………………………………细圆藤属 *Pericampylus*

轮环藤属 *Cyclea* Arn. ex Wight

本属约有29种，分布于亚洲南部和东南部。我国有13种；广西有9种；姑婆山有3种。

分种检索表

1. 叶两面被伸展长毛……………………………………………毛叶轮环藤 *C. barbata*
1. 叶两面无毛或叶背面被稀疏伸展长毛。
   2. 叶片披针形或近卵形，长为宽的2倍以上……………………四川轮环藤 *C. sutchuenensis*
   2. 叶片阔卵状三角形或卵形，长与宽近相等…………………粉叶轮环藤 *C. hypoglauca*

毛叶轮环藤
Cyclea barbata Miers

草质藤本。主根稍肉质。嫩枝被扩展或倒向的糙硬毛。叶片纸质或近膜质，三角状卵形或三角状阔卵形，先端短渐尖或钝，具小突尖，基部微凹或近截平；掌状脉9～10条，有时可多达12条，向下的常不明显；叶柄被硬毛，明显盾状着生。花序腋生或生于老茎上；雄花序为圆锥花序，被长柔毛，花密集成头状，间断着生于花序分枝上。核果斜倒卵圆形至近圆形，熟时红色，被柔毛。花期秋季，果期冬季。

生于路边灌木丛中；少见。 根入药，具有解毒、止痛、散瘀的功效。

粉叶轮环藤

Cyclea hypoglauca（Schauer）Diels

藤本。老茎木质；小枝纤细。除叶腋有簇毛外其余无毛。叶片阔卵状三角形至卵形，先端渐尖，基部截平至圆，边缘全缘而稍反卷，两面无毛或背面被稀疏长白毛。花序腋生；雄花序为间断的穗状花序状，花序轴常不分枝或有时基部有短小分枝，纤细而无毛。核果熟时红色，无毛。花期5～7月，果期7～9月。

生于路边、山坡疏林中；常见。 根入药，具有消炎、止痛、利水、消肿的功效。

四川轮环藤

Cyclea sutchuenensis Gagnep.

藤本。除苞片外全株无毛。茎草质或老茎稍木质。叶片薄革质或纸质，披针形或近卵形，先端渐尖或尾状渐尖，基部圆，边缘全缘；掌状脉3～5条，网脉稍明显。花序腋生，总状花序或穗状花序，花序常曲折；苞片菱状卵形或菱状披针形；雄花萼片4枚，仅基部合生稍厚，椭圆形或卵状长圆形，钝头，花瓣4片，合生或分离；雌花萼片2枚，一枚近圆形，边内卷，另一枚对折，花瓣2片，贴生在萼片基部。核果熟时红色。花期夏季，果期秋季。

生于沟谷疏林中；常见。　根、茎藤入药，具有清热解毒、祛风镇咳、利水通淋、散瘀止痛的功效。

细圆藤属 *Pericampylus* Miers

本属有2～3种，分布于热带亚热带地区，南至伊里安岛。我国有1种；广西姑婆山也有。

细圆藤
Pericampylus glaucus（Lam.）Merr.

木质藤本。小枝通常被灰黄色绒毛，有条纹，老枝无毛。叶片三角状卵形至三角状近圆形，先端有小突尖，基部近截平至心形，边缘有圆齿或近全缘，两面被绒毛或腹面被疏柔毛至近无毛，很少两面近无毛。聚伞花序伞房状，被绒毛。核果熟时红色或紫色；果核直径5～6 mm。花期4～6月，果期9～10月。

生于路边、山坡疏林中；常见。　全株入药，具有解毒、止咳、通经、利湿的功效。

千金藤属 *Stephania* Lour.

本属约有60种，分布于东半球热带地区。我国约有37种；广西有16种；姑婆山有3种。

分种检索表

1. 叶片长度明显大于宽度……………………………………………………………………………粪箕笃 *S. longa*
1. 叶片长、宽近相等。
    2. 叶片较大，长5～15 cm，宽4.5～14 cm；枝、叶含红色液汁…………………血散薯 *S. dielsiana*
    2. 叶片较小，长2～6 cm，宽2.5～6.5 cm；枝、叶不含红色液汁………金线吊乌龟 *S. cephalantha*

金线吊乌龟

Stephania cephalantha Hayata

草质藤本。块根团块状或近圆锥状。小枝紫红色。叶片长2～6 cm，宽2.5～6.5 cm，先端具小突尖，边缘全缘或多少浅波状，掌状脉7～9条。雌雄花序同形，均为头状花序，具盘状花托；雄花序花序梗丝状；雌花序花序梗粗壮，单个腋生。核果阔倒卵圆形，长约6.5 mm，熟时红色。花期4～5月，果期6～7月。

生于山坡或山谷密林中；少见。 块根入药，具有清热解毒、消肿止痛的功效；块根含的千金藤素（cepharanthine）具有抗痨、治胃溃疡和矽肺等功效。

血散薯

Stephania dielsiana Y. C. Wu

草质藤本。全株无毛。枝、叶均含红色汁液。叶片纸质或近膜质，阔三角状近圆形或阔卵状近圆形，先端钝而有小突尖，基部截平或微圆，边缘全缘、浅波状或浅裂，掌状脉9～10条；叶柄比叶片长或与叶片近等长。复伞形聚伞花序通常腋生；雄花序疏散，花序梗纤细；雌花序紧缩成头状，花序梗稍粗壮；雄花紫色，萼片6枚，倒卵形、近椭圆形或披针形。核果熟时红色，阔倒卵形，甚扁。花期为初夏。

生于林中、林缘或溪边多石砾的地方；少见。 块根含青藤碱（sinomenine）等多种生物碱，入药具有消肿解毒、健胃止痛的功效。

马兜铃科 Aristolochiaceae

本科有9属450～600种，主要分布于热带亚热带地区。我国有5属86种；广西有3属28种；姑婆山有2属2种。

分属检索表

1. 藤本；花被两侧对称，花被管通常弯曲……………………………………………………关木通属 *Isotrema*
1. 直立草本；花被辐射对称……………………………………………………………………细辛属 *Asarum*

关木通属 *Isotrema* Raf.

本属有111种1亚种，广泛分布于热带亚热带和温带地区。我国有73种1亚种。广西有16种；姑婆山有1种。

广防己 藤防己、防己

Isotrema fangchi（Y. C. Wu ex L. D. Chow et S. M. Hwang）X. X. Zhu，S. Liao et J. S. Ma

木质藤本。块根条状，外表具不规则纵裂及增厚的木栓层，灰黄色或赭黄色，断面粉白色。嫩枝平滑或具纵棱，密被褐色长柔毛。叶片薄革质或纸质，长圆形或卵状长圆形。花单生或3～4朵排成总状花序，生于老茎近基部；密被棕色长柔毛。蒴果圆柱形。种子卵状三角形。花期3～5月，果期7～9月。

生于沟谷疏林中；少见。　块根入药，具有祛风止痛、利尿消肿的功效，可用于小便不利、关节肿痛、高血压、蛇咬伤等。

细辛属 *Asarum* L.

本属约有90种，主要分布于亚洲东南部，少数种分布至北美洲。我国约有39种；广西有8种；姑婆山有1种。

尾花细辛
Asarum caudigerum Hance

多年生草本。全株被散生柔毛。根状茎粗壮，有多条纤维根。叶片阔卵形、三角状卵形或卵状心形，基部耳状或心形。花被绿色，被紫红色圆点状短毛丛；花被裂片上部卵状长圆形，先端骤窄成细长尾尖，尾长可达1.2 cm。果近球形，具宿存花被。花期4～5月，广西可晚至11月。

生于山坡、沟谷疏林下；常见。全草入药，具有温经散寒、化痰止咳、消肿止痛的功效。

胡椒科 Piperaceae

本科有8～9属2000～3000种，分布于热带亚热带地区。我国有3属68种；广西有3属28种；姑婆山有1属3种。

胡椒属 *Piper* L.

本属有1000～2000种，主要分布于热带地区。我国有60种；广西有22种；姑婆山有3种。

分种检索表

1. 叶片基部心形或弯缺成耳状，其弯缺宽度远大于叶柄的宽度。
  2. 叶片两面被粗毛……………………………………………………………小叶爬崖香 *P. sintenense*
  2. 叶片两面无毛…………………………………………………………………………山蒟 *P. hancei*
1. 叶片基部钝圆或短狭，如微凹则凹缺的宽度狭于叶柄的宽度……………………石南藤 *P. wallichii*

山蒟

Piper hancei Maxim.

攀缘藤本。除花序轴和苞片基部外其余部位均无毛。叶片卵状披针形或椭圆形，少有披针形，先端短尖或渐尖，基部渐狭或楔形，有时钝，通常相等或有时略不等；叶脉5～7条，最上一对叶脉互生，离基1～3 cm从中脉发出，弯拱上升几达叶片先端；叶鞘长约为叶柄长的一半。花单性，雌雄异株，排成与叶对生的穗状花序；雄花序长6～10 cm；雌花序长约3 cm。浆果球形，熟时黄色。花期3～8月。

生于山涧边、密林或疏林中，或攀缘于树上和石上；常见。　茎、叶入药，可用于风湿、咳嗽、感冒等。

石南藤

Piper wallichii（Miq.）Hand.-Mazz.

攀缘藤本。枝被疏毛。叶片干时变淡黄色，椭圆形或向下渐变为狭卵形至卵形，长7～14 cm，宽4～6.5 cm，先端长渐尖，有小尖头，基部渐狭或钝圆，叶脉5～7条，最上1对互生或近对生，离基1～2.5 cm从中脉发出，弧形上升至叶片3/4处弯拱连接。雄花序与叶片近等长，总花梗与叶柄近等长；雌花苞片柄于果期延长达2 mm，密被白色长毛。花期5～6月。

生于林中荫处或湿润地，或攀缘于石壁上或树上；常见。　茎入药，具有祛风寒、强腰膝、补肾壮阳的功效。

三白草科 Saururaceae

本科有4属6种，主要分布于亚洲东部和北美洲。我国有3属4种；广西有3属3种；姑婆山有1属1种。

蕺菜属 *Houttuynia* Thunb.

本属仅1种，分布于亚洲东部和东南部。广西姑婆山亦有。

蕺菜 鱼腥草、侧耳根、臭草
Houttuynia cordata Thunb.

草本，具腥臭味。茎下部伏地，节上轮生不定根，上部直立，有时带紫红色。叶片薄纸质，有腺点，背面尤甚，卵形或阔卵形，先端短渐尖，基部心形，有时除叶脉被毛外其余均无毛，背面常呈紫红色。花序长约2 cm，无毛；总苞片长圆形或倒卵形。蒴果。花期4~7月。

生于路边、山坡疏林中，常见。 全株入药，具有抗菌消炎、清热解毒、利水消肿的功效；嫩茎叶烹煮去水，加油盐，可作蔬菜食用。

金粟兰科 Chloranthaceae

本科有5属约70种，分布于热带亚热带地区。我国有3属15种；广西有3属12种；姑婆山有2属2种。

分属检索表

1. 灌木；雄蕊1枚……………………………………………………………………………**草珊瑚属** *Sarcandra*
1. 通常为多年生草本；雄蕊3枚………………………………………………………**金粟兰属** *Chloranthus*

金粟兰属 *Chloranthus* Sw.

本属约有 17 种，分布于亚洲温带至热带地区。我国约有 13 种；广西有 8 种；姑婆山有 1 种。

及己 四大金刚、四叶对

Chloranthus serratus（Thunb.）Roem. et Schult.

多年生草本。根状茎横生，具土黄色须根；茎直立，单生或数个丛生，具明显的节，无毛，下部节上对生2片鳞状叶。叶对生，4～6片生于茎顶部；叶片椭圆形、倒卵形或卵状披针形，边缘具齿，齿尖具腺体。穗状花序顶生，稀腋生；花白色。核果近球形或梨形，绿色。花期4～5月，果期6～8月。

生于山坡疏林中，少见。 全株入药，具有舒筋活络、祛风镇痛、抗菌消炎、消肿解毒的功效；还可杀孑孓蛹。

草珊瑚属 *Sarcandra* Gardn.

本属有3种，分布于亚洲东部至印度。我国有2种；广西2种均有；姑婆山有1种。

草珊瑚 接骨金粟兰、九节风、九节茶

Sarcandra glabra（Thunb.）Nakai

常绿小灌木。叶片革质，椭圆形、卵形至卵状披针形，边缘具粗锐齿，齿尖有1个腺体，两面均无毛；叶柄基部合生成鞘状。穗状花序顶生，通常分枝，多少呈圆锥花序状；花黄绿色；子房球形或卵形，无花柱。核果球形，直径3～4 mm，熟时亮红色。花期6月，果期8～10月。

生于山坡疏林、密林中；常见。 全株入药，具有祛风活血、消肿止痛、清热解毒、抗菌消炎的功效；亦可代茶。

罂粟科 Papaveraceae

本科有40属约800种，主要分布于北温带地区，尤以地中海地区，亚洲西部、中部至东部及北美洲西南部为多。我国有19属443种；广西有5属6种；姑婆山有2属5种。

分属检索表

1. 植株具乳白色浆汁；大型圆锥花序，无花瓣……………………………………博落回属 *Macleaya*
1. 植物无浆汁；总状花序，具各色花瓣………………………………………………紫堇属 *Corydalis*

博落回属 *Macleaya* R. Br.

本属有2种，分布于中国和日本。广西2种均产；姑婆山有1种。

博落回 三钱三、博回根、菠萝葵
Macleaya cordata（Willd.）R. Br.

直立草本。基部木质化，具乳白色浆汁。叶片宽卵形或近圆形，通常7或9深裂或浅裂，裂片半圆形、方形、三角形或其他，边缘波状、缺刻状，具粗齿或多细齿，腹面绿色，无毛，背面多白粉，被易脱落的细绒毛。大型圆锥花序多花。蒴果狭倒卵形或倒披针形。花期6～8月，果期7～10月。

生于海拔150～830 m的丘陵或低山林中和灌草丛中；常见。 全草入药，具有麻醉镇痛、消肿散瘀的功效；作土农药可防治稻椿象、稻苞虫、稻螟虫、钉螺等；也可作稻田绿肥；有剧毒，忌内服。

紫堇属 *Corydalis* DC.

本属约有465种，广泛分布于北温带地区。我国约有357种；广西有11种；姑婆山有4种。

分种检索表

1. 花黄色。
   2. 花较大，上花瓣长1.5～2 cm……………………………………………………北越紫堇 *C. balansae*
   2. 花较小，上花瓣长0.6～0.9 cm…………………………………………………小花黄堇 *C. racemosa*
1. 花紫色或淡紫色。
   3. 叶裂片边缘具圆齿状深齿……………………………………………………………地锦苗 *C. sheareri*
   3. 叶裂片边缘具缺刻状齿………………………………………………………………刻叶紫堇 *C. incisa*

北越紫堇 台湾黄堇
Corydalis balansae Prain

丛生草本。茎具棱，枝条花葶状，常与叶对生。下部茎生叶具长柄；叶片背面苍白色，二回羽状全裂；一回羽片3～5对，具短柄；二回羽片常1～2对，近无柄，基部楔形至平截。总状花序多花而疏离，具明显花序轴；花黄色至黄白色，近平展；外花瓣勺状，具龙骨状突起；距短囊状，约占花瓣全长的1/4。蒴果线状长圆形，长约3 cm，斜伸或多少下垂，具1列种子。花果期5～8月。

生于海拔200～700 m的山谷或沟边湿地；常见。 全草入药，具有清热解毒、消肿拔毒的功效。

地锦苗 荷包牡丹

Corydalis sheareri S. Moore

多年生草本。茎1～2条，绿色，有时带红色，多汁液。基生叶数片，具带紫色的长柄；叶片轮廓三角形或卵状三角形，二回羽状全裂，第一回裂片具柄，第二回无柄，中部以上具圆齿状深齿，下部宽楔形；茎生叶数片，互生于茎上部。总状花序生于茎及分枝先端，长4～10 cm，有10～20朵花；花冠紫红色，平伸；距圆锥形，末端极尖，长约为花瓣长的1.5倍。蒴果狭圆柱形，长2～3 cm。花果期3～6月。

生于水边或林中潮湿地；常见。　全草或块根入药，具有消肿止痛、清热解毒、活血祛瘀的功效。

山柑科 Capparidaceae

本科有28属约650种，主要分布于热带亚热带地区，少数分布至温带地区。我国有4属46种；广西有3属21种；姑婆山有1属1种。

山柑属 *Capparis* L.

马槟榔

Capparis masaikai H. Lév.

灌木或攀缘植物。刺粗壮，基部膨大，外弯，花枝上常无刺。叶片干后常呈暗红褐色，腹面近无毛，背面密被脱落较迟的锈色短绒毛，淡紫色，突起，侧脉6～10对。亚伞形花序腋生或在枝端再组成10～20 cm长的圆锥花序，花序中常有不正常发育的小叶，各部均密被锈色短绒毛；亚伞形花序有花3～8朵；花白色或粉红色。果球形至近椭圆形，表面有4～8条纵行鸡冠状高3～6 mm的肋棱。花期5～6月，果期11～12月。

生于海拔1600 m以下的沟谷或山坡密林中；少见。 种子去皮入药，为“上清丸”的重要药源，因其性味先腥涩后回甜，放入口中咀嚼，饮水口感清甜，为清热解毒、生津润肺及清喉火的常用药。

十字花科 Brassicaceae

本科约有330属3500种，广泛分布于全球，主产于北温带地区，特别是地中海地区。我国有102属412种；广西有11属39种；姑婆山有4属5种，其中1属1种为栽培种。

分属检索表

1. 叶为复叶……………………………………………………………………………碎米荠属 *Cardamine*
1. 叶为单叶。
  2. 短角果倒三角形或倒心状三角形；花瓣白色……………………………………荠属 *Capsella*
  2. 长角果；花瓣黄色…………………………………………………………………蔊菜属 *Rorippa*

荠属 *Capsella* Medik.

本属有1种，分布于亚洲西南部、欧洲，全球各地均有归化。我国有1种；姑婆山亦有。

荠 荠菜
Capsella bursapastoris（L.）Medik.

一年生或二年生草本。基生叶丛生呈莲座状，大头羽状分裂，顶裂片卵形至长圆形，侧裂片长圆形至卵形；茎生叶窄披针形或披针形，基部箭形，抱茎，边缘有缺刻或齿。总状花序顶生及腋生；花瓣白色，卵形，有短爪。短角果倒三角形或倒心状三角形，扁平，顶端微凹。花果期4～6月。

生在山坡、田边及路边；常见。　全草入药，具有利尿解毒、明目清积的功效；茎叶可作蔬菜食用；种子含干性油20%～30%，油可供工业用。

碎米荠属 *Cardamine* L.

本属约有200种，广泛分布于全球，主产于温带地区。我国有48种；广西有8种；姑婆山有1种。

碎米荠 粗毛碎米荠
Cardamine hirsuta L.

一年生小草本。茎直立或斜升，下部有时淡紫色，被较密柔毛，上部毛渐少。基生叶具叶柄，有小叶2～5对；顶生小叶肾形或肾圆形，边缘有3～5枚圆齿；侧生小叶卵形或圆形；茎生叶具短柄，有小叶3～6对。总状花序生于枝顶；花瓣白色，倒卵形。长角果线形，稍扁。花期2～4月，果期4～6月。

多生于海拔1000 m以下的山坡、路边、荒地及耕地的草丛中；常见。 全草入药，具有祛风湿的功效，可用于痢疾、腹胀；幼株可作蔬菜食用或饲用。

蔊菜属 *Rorippa* Scop.

本属有75种，分布于全球各地。我国有9种；广西有5种；姑婆山有2种。

分种检索表

1. 无花瓣……………………………………………………………………………………无瓣蔊菜 *R. dubia*
1. 具黄色花瓣………………………………………………………………………………蔊菜 *R. indica*

无瓣蔊菜 塘葛菜、野菜子、清明菜
Rorippa dubia（Pers.）Hara

一年生草本。植株较柔弱，光滑无毛，直立或呈铺散状分枝。单叶互生；基生叶与茎下部叶倒卵形或倒卵状披针形，多数呈大头羽状分裂，顶裂片大，边缘具不规则齿，下部具1～2对小裂片，稀不裂；茎上部叶卵状披针形或长圆形，具短柄或无柄。总状花序顶生或侧生，花小，多数；萼片4枚，直立，披针形至线形，边缘膜质；无花瓣（偶有不完全花瓣）。长角果线形，细而直。种子褐色，近卵形。花期4～6月，果期6～8月。

生于山坡路边、山谷、河边湿地、园圃及田野较潮湿处；常见。 全草入药，具有解表健胃、止咳化痰、平喘、清热解毒、散热消肿的功效。

蔊菜

Rorippa indica（L.）Hiern

一年生或二年生直立草本。植株较粗壮，无毛或具疏毛。叶互生；基生叶及茎下部叶具长柄，叶形多变，通常大头羽状分裂，边缘具不整齐的齿；茎上部叶宽披针形或匙形，具短柄或基部耳状抱茎。总状花序顶生或侧生，花瓣4片，黄色。长角果线状圆柱形，直立或稍内弯，熟时果瓣隆起。花期4～6月，果期6～8月。

生于路边、田边、园圃、河边及山坡路边等较潮湿处；常见。 全草入药，具有清热利尿、消肿解毒的功效；可用于痈肿疮毒及烧伤伤；嫩株作蔬菜或饲料。

堇菜科 Violaceae

本科有22属900～1000种，广泛分布于全球。我国有3属101种；广西有2属21种；姑婆山有1属8种。

堇菜属 *Viola* L.

本属约有550种，分布于全球，主产于北温带地区。我国有96种；广西有20种；姑婆山有8种。

分种检索表

1. 植株无地上茎或匍匐枝……………………………………………………长萼堇菜 *V. inconspicua*
1. 植株具地上茎或匍匐枝。
  2. 植株不具地上茎。
    3. 茎、叶被密毛。
      4. 叶柄具明显的翅…………………………………………………………七星莲 *V. diffusa*
      4. 叶柄无明显的翅。
        5. 叶两面密生白色长柔毛……………………………………………亮毛堇菜 *V. lucens*
        5. 叶腹面被白色微柔毛，背面仅沿叶脉有明显的微柔毛………………柔毛堇菜 *V. fargesii*
    3. 茎、叶无毛或几无毛。
      6. 蒴果椭圆形，常具褐色腺点……………………………………………深圆齿堇菜 *V. davidii*
      6. 蒴果狭圆形，无腺点……………………………………………………华南堇菜 *V. austrosinensis*
  2. 植株具地上茎。
    7. 叶缘具浅而内弯的疏齿，无腺点…………………………………………如意草 *V. arcuata*
    7. 叶缘具钝齿，密布褐色腺点………………………………………………紫花堇菜 *V. grypoceras*

如意草 弧茎堇菜
Viola arcuata Blume

多年生草本。根状茎横走，褐色，密生多数纤维状根，向上发出多条地上茎或匍匐枝。基生叶深绿色，三角状心形或卵状心形，基部弯缺呈新月形，边缘具浅而内弯的疏齿，两面通常无毛或背面沿脉被疏柔毛。花淡紫色或白色，皆自茎生叶或匍匐枝的叶腋抽出，具长梗。蒴果长圆形，无毛，顶端尖。花期3～6月。

生于溪谷潮湿地、林缘灌木丛中；常见。 全草入药，具有清热解毒、散瘀止血的功效。

华南堇菜

Viola austrosinensis Y. S. Chen et Q. E. Yang

多年生草本。匍匐茎纤细，无毛。叶革质，近基生，互生在匍匐茎上；叶片卵形或宽卵形，无毛，腹面深绿色，背面沿脉紫红色，基部心形，先端钝，边缘具明显圆齿；托叶贴生于叶柄基部；叶柄紫红色，无毛，无翅。花粉白色；小苞片对生，线形；萼片紫红色，披针形，先端渐尖，无毛；花瓣长圆状倒卵形，侧方花瓣无毛，下部花瓣短，明显带粉红色条纹，先端通常锐尖。蒴果狭圆形。花期3～4月，果期6～9月。

生于沟谷疏林下；少见。

七星莲

Viola diffusa Ging.

一年生草本。全体被糙毛或白色柔毛，或近无毛，花期生出地上匍匐枝。匍匐枝先端具莲座状叶丛，通常生不定根。基生叶丛生，呈莲座状，或于匍匐枝上互生；叶片卵形或卵状长圆形，边缘具钝齿及缘毛。花较小，淡紫色或浅黄色。蒴果长圆形，顶端常具宿存的花柱。花期3～5月，果期5～8月。

生于山地林下、林缘、草坡、溪谷旁、岩石缝隙中；常见。　全草入药，具有清热解毒的功效；外用可消肿、排脓。

柔毛堇菜

Viola fargesii H. Boissieu

多年生草本。全株有白色微柔毛，有匍匐枝或缺。叶近基生或在匍匐茎上互生；叶片圆卵形或近圆形，背面仅沿叶脉有明显的微柔毛，脉上毛密，先端急尖，基部宽心形或狭心形，边缘具密和浅钝的齿。花白色，密被开展的白色微柔毛；花瓣长圆状倒卵形，长1～1.5 cm，侧瓣被毛；子房圆锥形，无毛。花期3～6 月，果期6～9月。

生于山坡林缘、草地、河谷、路边；常见。 全草入药，可用于疔毒疮疖、蛇咬伤。

紫花堇菜

Viola grypoceras A. Gray

多年生草本。根状茎短粗，垂直，褐色，节密生。基生叶心形或宽心形，先端钝或微尖，基部弯缺狭窄，边缘具钝齿，两面无毛或近无毛，密布褐色腺点；茎生叶三角状心形或狭卵状心形，基部弯缺浅或宽三角形；茎生叶叶柄较短；托叶褐色，狭披针形，先端渐尖。花淡紫色，无芳香；花瓣倒卵状长圆形，有褐色腺点。蒴果椭圆形，密生褐色腺点，顶端短尖。花期4～5月，果期6～8月。

生于山坡疏林中；少见。　全草入药，具有清热解毒、散瘀消肿的功效。

长萼堇菜 梨头草

Viola inconspicua Blume

多年生草本。无地上茎，也无匍匐枝。叶基生，莲座状；叶片三角形或三角状卵形，最宽处在叶的基部，基部宽心形，两侧垂片发达，边缘具圆齿，两面常无毛，腹面密生乳头状小白点，但在较老的叶上则变成暗绿色。花淡紫色，有暗色脉纹；距管状，长2.5～3 mm，直，末端钝；子房球形，无毛。蒴果长圆形。花果期3～11月。

生于林缘、山坡草地、田边及溪旁等；少见。 全草入药，具有清热解毒的功效。

亮毛堇菜

Viola lucens W. Beck.

低矮小草本。全体被白色长柔毛，无地上茎，具匍匐枝。根状茎垂直，密生结节，生多条细根。匍匐枝细，顶端常形成新植株。叶基生，莲座状；叶片长圆状卵形或长圆形，先端钝，基部心形或圆形，边缘具圆齿，两面密生白色长柔毛；叶柄细弱，密被长柔毛；托叶褐色，披针形。花淡紫色，花梗细弱，疏生细毛；萼片狭披针形，上方和侧方花瓣倒卵形，下方花瓣船状。蒴果卵圆形，无毛。花期2～4月，果期8～9月。

生于山坡疏林下、草丛中或路边等；常见。

远志科 Polygalaceae

本科有15～17属1000多种，广泛分布于全球，以热带亚热带地区最多。我国有5属53种；广西有4属27种；姑婆山有2属7种。

分属检索表

1. 雄蕊8枚；花萼不等大……………………………………………………………………远志属 *Polygala*
1. 雄蕊5枚；花萼近等大………………………………………………………………齿果草属 *Salomonia*

远志属 *Polygala* L.

本属约有500种，广泛分布于全球。我国有44种；广西有22种；姑婆山有6种。

分种检索表

1. 灌木，植株高100 cm以上……………………………………………………………黄花倒水莲 *P. fallax*
1. 草本或半灌木，植株高100 cm以下。
    2. 植株莲座状……………………………………………………………………………大叶金牛 *P. latouchei*
    2. 植株直立或平卧状。
        3. 植株平卧状，矮小，高5～10 cm………………………………………………………曲江远志 *P. koi*
        3. 植株直立，高10 cm以上。
            4. 茎、枝、叶、花序、苞片及萼片均被刺毛状绵毛…………………西南远志 *P. crotalarioides*
            4. 茎、枝被卷曲短柔毛。
                5. 蒴果具缘毛………………………………………………………………华南远志 *P. chinensis*
                5. 蒴果无缘毛…………………………………………………………香港远志 *P. hongkongensis*

华南远志 银不换、疳积草

Polygala chinensis L.

一年生直立草本。主根粗壮，橘黄色，茎基部木质化，分枝圆柱形，被卷曲短柔毛。叶互生；叶片纸质，倒卵形、椭圆形或披针形，全缘，微反卷，绿色，疏被短柔毛；叶柄长约1 mm，被柔毛。总状花序腋上生，稀腋生；花小而密集；花瓣淡黄色或白色带淡红色。蒴果倒心形，边缘有睫毛，白色。花期4～10月，果期5～11月。

生于山坡草地或灌木丛中；常见。全草入药，具有活血散瘀、止咳祛痰、清热解毒的功效。

黄花倒水莲 一身保暖、鸭仔兜

Polygala fallax Hemsl.

灌木或小乔木。根粗壮，多分支，表皮淡黄色。单叶互生；叶片膜质，披针形至椭圆状披针形，边缘全缘，腹面深绿色，背面淡绿色，两面均被短柔毛。总状花序顶生或腋生；花瓣正黄色，侧生花瓣长圆形。蒴果阔倒心形至圆形，绿黄色。种子圆形，密被白色短柔毛。花期5～8月，果期8～10月。

生于山谷林下水旁阴湿处；少见。 根、叶入药，具有滋补强壮、散瘀消肿、祛风湿、活血调经的功效。

香港远志

Polygala hongkongensis Hemsl.

直立草本至半灌木。茎枝细，疏被至密被卷曲短柔毛。单叶互生；叶片纸质或膜质；茎下部叶小，卵形，先端具短尖头；茎上部叶披针形，先端渐尖，基部圆形，边缘全缘，多少反卷，腹面绿色，背面淡绿色至苍白色，两面均无毛，主脉在腹面稍凹，在背面隆起，侧脉3对，不明显；叶柄被短柔毛。总状花序顶生；花序梗及花梗被短柔毛；花瓣3片，白色或紫色，侧瓣深波状。蒴果近圆形，顶端具缺刻。种子2粒，卵形，黑色，被白色细柔毛。花期5～6月，果期6～7月。

生于沟谷林下或灌木丛中；少见。　全草入药，具有活血化瘀、解毒的功效；根、根皮入药，具有化痰、安神的功效。

曲江远志

Polygala koi Merr.

半灌木。茎直立或平卧，木质，具半圆形叶痕，无毛或幼嫩部分被紧贴短柔毛。单叶互生；叶片肉质，椭圆形，腹面绿色，无毛或沿叶缘被白色短刚毛，背面淡绿色带紫色，无毛。总状花序顶生；花序梗被短柔毛；花多而密；花瓣3片，紫红色。蒴果圆形，熟时淡绿色，边缘带紫色，具翅。花期4～9月，果期6～10月。

生于山坡、山顶阔叶林中岩石上；常见。　全草入药，民间用于治疗咳嗽、咽喉肿痛、小儿疳积、月经不调等。

大叶金牛

Polygala latouchei Franch.

草本或矮小半灌木。茎、枝圆柱形，被短柔毛。叶片长圆形、倒卵形或卵状披针形，长1.5～9.5 cm，宽0.8～4.5 cm，基部两侧歪斜不等大，腹面绿色，疏被或密被白色小刚毛，背面淡红色或暗紫色，无毛。总状花序顶生或生于枝顶的叶腋内，长3～6 cm，被短柔毛，具密集的花；花紫红色至紫色。蒴果圆形，具翅，顶端微凹，无毛。花期3～4月，果期6～7月。

生于林下岩石上或山坡草地；少见。　全草入药，具有化痰止咳、活血调经的功效。

齿果草属 *Salomonia* Lour.

本属约有8种，分布于亚洲东部。我国有2种；广西2种均产；姑婆山有1种。

齿果草 一碗泡、莎萝莽
Salomonia cantoniensis Lour.

一年生直立草木。根纤细，具芳香。茎细弱，多分枝，具狭翅。单叶互生；叶片膜质，卵状心形或心形，先端钝，具短尖头，基部心形，边缘全缘或微波状，绿色，无毛。穗状花序顶生，多花；花瓣3片，淡红色。蒴果肾形，两侧具2列三角状尖齿；果爿具蜂窝状网纹。种子2粒，卵形，亮黑色，无毛。花期7～8月，果期8～10月。

生于山坡林下、灌草丛中；常见。　全草入药，具有清热解毒、消肿止痛、抗菌消炎的功效。

景天科 Crassulaceae

本科有35属1500多种，分布于北半球大部分区域。我国有13属233种；广西有6属18种；姑婆山有3属9种，其中1属1种为栽培种。

分属检索表

1. 雄蕊1轮，与花瓣同数；具莲座状叶……………………………………………………石莲属 *Sinocrassula*
1. 雄蕊通常2轮，10枚，稀1轮；无莲座状叶…………………………………………………景天属 *Sedum*

景天属 *Sedum* L.

本属有470多种，主要分布于北半球。我国有121种；广西有11种；姑婆山有7种。

分种检索表

1. 叶片匙状倒卵形至阔匙形，先端圆，微缺，基部楔形……………………凹叶景天 *S. emarginatum*
1. 叶片形状非上所述。
  2. 叶腋有珠芽着生………………………………………………………………………珠芽景天 *S. bulbiferum*
  2. 叶腋无珠芽着生。
    3. 植株匍匐。
      4. 叶片线形，宽约2 mm……………………………………………………………佛甲草 *S. lineare*
      4. 叶片倒披针形至长圆形，宽3～7 mm ………………………………垂盆草 *S. sarmentosum*
    3. 植株直立。
      5. 叶互生……………………………………………………………………………南岭景天 *S. nanlingense*
      5. 叶3片轮生。
        6. 花4基数；茎中部以上多分枝…………………………………………本州景天 *S. hakonense*
        6. 花5基数；茎基部分枝…………………………………………禾叶景天 *S. grammophyllum*

珠芽景天

Sedum bulbiferum Makino

多年生草本。茎高7～22 cm，茎下部常横卧。叶腋常有圆球形、肉质、小型珠芽着生。基部叶常对生；上部叶互生，匙状倒披针形，长10～15 mm，宽2～4 mm，先端钝，基部渐狭；下部叶卵状匙形。花序聚伞状，分枝3条；萼片5枚，披针形至倒披针形；花瓣5片，黄色，披针形；雄蕊 10枚；心皮5个。花期4～5月。

生于山坡疏林下、路边或河边；常见。 全草入药，具有散寒截疟、理气止痛的功效。

本州景天

Sedum hakonense Makino

不育茎半直立；可育茎6～8 cm；花茎基部上升或匍匐，但顶部直立，丛生。叶互生；叶片狭倒披针形，扁平，先端钝。聚伞花序通常3分枝，伞房状，疏松，多花；花无柄，花冠为不相等的4瓣；萼片三角形到狭椭圆形，不等长，先端很钝；花瓣黄色，近长圆形到宽披针形；雄蕊8枚，稍短或与花瓣等长；心皮分生，基部合生；花柱短。蓇葖果具大量种子。种子披针形。花期8月，果期9月。

生于山坡、山顶疏林或密林中；少见。

佛甲草 禾雀脷

Sedum lineare Thunb.

多年生草本，无毛。3叶轮生，少有4叶轮生或对生；叶片线形，先端钝尖，基部无柄，有短距。花序聚伞状，顶生，疏生花，中央有一朵有短梗的花；萼片5枚，线状披针形，先端钝；花瓣5片，黄色，披针形。蓇葖略叉开，长4～5 mm，花柱短。花期4～5月，果期6～7月。

生于低山或平地草坡上；常见。　全草入药，有清热解毒、消肿止血的功效；全草亦作猪饲料。

南岭景天

Sedum nanlingense Yan Liu et C. Y. Zou

草本，无毛，具须根。茎具红色斑点或线。叶在不育茎上密集互生；叶片线状或披针形，常绿色，带红色斑点，基部有距，边缘全缘，先端稍尖。聚伞花序常2～3分枝；花3基数；萼片3枚，绿色，基部离生，具距；花瓣3片，卵形，基部具狭窄的爪，先端锐尖，花后期反卷；雄蕊6枚，3枚与萼对生，3枚贴生于花瓣基部；心皮3个，无毛，披针状卵球形，基部合生，顶端具喙，成熟时星状展开。种子倒卵形，熟时深黄色或棕色。花期7～8月，果期8～9月。

生于山坡、山顶疏林或密林中；罕见。

石莲属 *Sinocrassula* A. Berger

本属有7种，分布于中国、不丹、印度、尼泊尔、巴基斯坦、斯里兰卡等。我国有7种；广西有1种；姑婆山亦有。

石莲 蛇舌莲、碎骨还阳
Sinocrassula indica（Decne.）A. Berger

二年生草本，无毛。花茎常具微乳头状突起。基生叶莲座状；叶片匙状长圆形，茎生叶互生，宽倒披针状线形至近倒卵形。花序圆锥状或近伞房状，总梗长5～6 cm；萼片5枚，宽三角形；花瓣5片，红色，披针形至卵形，先端常反折；鳞片5枚，近正方形，先端有微缺；心皮5个，基部0.5～1 mm处合生，卵形。蓇葖果的喙反曲。花期7～10月。

生于山坡陡崖上；少见。 全草入药，具有活血散瘀、提伤止痛的功效。

虎耳草科 Saxifragaceae

本科有80属约1200种，全球广泛分布。我国有29属545种；广西有6属20种；姑婆山有3属3种。

分属检索表

1. 叶为二回至多回三出复叶……………………………………………………………**落新妇属** *Astilbe*
1. 叶为单叶。
   2. 花单生于花茎之顶……………………………………………………………**梅花草属** *Parnassia*
   2. 花多数，组成各式花序…………………………………………………………**虎耳草属** *Saxifraga*

落新妇属 *Astilbe* Buch.-Ham. ex D. Don

本属有18种，分布于亚洲和北美洲。我国有7种；广西有2种；姑婆山有1种。

华南落新妇 华南升麻、大落新妇

Astilbe grandis Stapf ex E. H.Wilson.

多年生草本。根状茎粗壮。茎通常不分枝，被褐色长柔毛和腺毛。二回至三回三出复叶至羽状复叶；叶轴与小叶柄均多少被腺毛，叶腋具长柔毛；小叶片卵形、狭卵形至长圆形，边缘有重齿，腹面被糙伏腺毛，背面沿脉生短腺毛。圆锥花序顶生；花序梗及花梗均被腺毛；花瓣5枚，白色或紫色，线形。花果期6～9月。

生于林下、灌木丛中或沟谷阴湿处；常见。 根状茎入药，具有散瘀止痛、祛痰止咳的功效。

梅花草属 *Parnassia* L.

本属约有70种，主要分布于亚洲南部和东南部。我国有63种；广西有7种；姑婆山有1种。

鸡肫梅花草 鸡眼梅花草
Parnassia wightiana Wall.

多年生草本。叶基生；叶片宽心形，基部弯缺深浅不等，边缘薄，全缘，腹面深绿色，背面淡绿色。花单生于茎顶，萼片卵状披针形或卵形，密被紫褐色小点；花瓣白色，长圆形、倒卵形或近琴形。蒴果倒卵球形，褐色，具多数种子。种子长圆形，褐色，有光泽。花期7～8月，果期9月。

生于山谷疏林下、山坡杂草丛中、沟边和路边等处；少见。 全草入药，具有清肺止咳、补虚益气、利水除湿、排石、解毒的功效。

虎耳草属 *Saxifraga* L.

本属约有450多种，分布于亚洲、欧洲、北美洲以及南美洲的安第斯山，主要生于高寒地区。我国有216种；广西有4种；姑婆山有1种。

虎耳草 金线吊芙蓉
Saxifraga stolonifera Curtis

多年生小草本。鞭匐枝细长，密被卷曲长腺毛，具鳞片状叶。基生叶具长柄；叶片近心形、肾形至扁圆形，（5）7～11浅裂，裂片边缘具不规则齿牙和腺睫毛，被腺毛，背面通常红紫色，被腺毛，有斑点。聚伞花序圆锥状；花瓣5片，白色，中上部具紫红色斑点，基部具黄色斑点。花期5～8月，果期7～11月。

生于林下、灌木丛中、草甸和阴湿岩隙；少见。　全草入药，具有清热凉血、祛风解毒的功效；有小毒。

茅膏菜科 Droseraceae

本科有 4 属 100 多种，全球热带和温带地区均有分布。我国有 2 属 7 种；广西有 1 属 6 种；姑婆山有 1 属 1 种。

茅膏菜属 *Drosera* L.

本属有100多种，分布于热带至温带地区，少数分布至寒带地区。我国有6种；广西6种均产；姑婆山有1种。

茅膏菜
Drosera peltata Sm. ex Willd.

多年生草本。茎直立，有时攀缘状，淡绿色，具紫红色汁液。鳞茎状球茎紫色。地上部分通常具乳突状黑色腺点。基生叶密集成近1轮或最上几片着生于节间伸长的茎上，边缘密被单一或成对的一长一短头状黏腺毛。螺状聚伞花序生于枝顶和茎顶，花瓣白色、淡红色或红色。蒴果。花期6～9月。

生于疏林下、灌草丛中、田边、水旁、草坪等阴湿处；少见。　全草、球茎入药，可用于跌打损伤、外伤出血、胃痛、赤白痢、小儿疳积等。

石竹科 Caryophyllaceae

本科有75～80属约2000种，分布于温带地区，稀分布于热带山区或寒带地区。我国有30属390多种；广西有13属22种；姑婆山有7属9种，其中1属1种为栽培种。

分属检索表

1. 有膜质托叶……荷莲豆草属 *Drymaria*
1. 无托叶。
  2. 蒴果果瓣先端不再分裂；花瓣全缘，或无花瓣；花柱4～5枚……漆姑草属 *Sagina*
  2. 蒴果果瓣先端多少2裂。
    3. 花柱2～3枚。
      4. 花瓣深2裂……繁缕属 *Stellaria*
      4. 花瓣全缘或缺……无心菜属 *Arenaria*
    3. 花柱4～5枚（稀3枚）。
      5. 蒴果卵圆形，5瓣裂至中部……鹅肠菜属 *Myosoton*
      5. 蒴果圆柱形，10齿裂……卷耳属 *Cerastium*

无心菜属 *Arenaria* L.

本属有300多种，主要分布于北温带和寒带地区。我国有102种；广西有1种；姑婆山也有。

无心菜 鹅不食草
Arenaria serpyllifolia L.

一年生或二年生草本。茎丛生，密生白色短柔毛，节间长0.5～2.5 cm。叶片卵形，无柄，边缘具缘毛，两面近无毛或疏生柔毛，背面具3脉；茎下部叶较大；茎上部叶较小。聚伞花序具多花；花梗长约1 cm，纤细，密生柔毛或腺毛；花瓣5片，白色，倒卵形，长为萼片的1/3～1/2；雄蕊 10枚，短于萼片；花柱3枚，线形。蒴果卵圆形，与宿存萼等长，顶端6裂。花期6～8月，果期8～9月。

生于山坡路边或草地；少见。 全草入药，具有清热解毒的功效，可用于麦粒肿和咽喉痛等。

卷耳属 *Cerastium* L.

本属约有100种，主要分布于北温带地区，多见于欧洲至西伯利亚地区，极少数种见于亚热带山区。我国有23种；广西有1种；姑婆山也有。

球序卷耳 婆婆指甲菜

Cerastium glomeratum Thuill.

一年生草本。茎单生或丛生，密被长柔毛，上部混生腺毛。茎下部叶匙形，茎上部叶倒卵状椭圆形，两面被长柔毛，边缘具缘毛，中脉明显。聚伞花序呈簇生状或头状；花序轴密被腺柔毛；苞片草质，卵状椭圆形，密被柔毛；花瓣5片，白色。蒴果长圆柱形，长于宿存萼。花期3～4月，果期5～6月。

生于山坡草地、路边；常见。 全草入药，具有清热解毒、解表、降血压的功效。

荷莲豆草属 *Drymaria* Willd. ex Schult.

本属有48种，主要分布于墨西哥、西印度群岛至南美洲。我国有2种；广西仅有1种；姑婆山亦有。

荷莲豆草

Drymaria cordata（L.）Willd. et Schult.

一年生草本。茎匍匐，丛生，无毛。叶片卵状心形，长1～1.5 cm，宽1～1.5 cm，具3～5条基出脉；托叶白色，刚毛状。聚伞花序顶生；花瓣白色，倒卵状楔形，稍短于萼片，先端2深裂；子房卵圆形；花柱3枚，基部合生。蒴果卵形，3爿裂。种子近圆形，表面具小疣。花期4～10月，果期 6～12月。

生于山坡路边或山谷平地；少见。 全草入药，具有消炎、清热、解毒的功效。

鹅肠菜属 *Myosoton* Moench

本属仅1种，分布于欧洲、亚洲、非洲的亚热带和温带地区。姑婆山亦有。

鹅肠菜

Myosoton aquaticum（L.）Moench

二年生或多年生草本。茎上升，多分枝，上部被腺毛。叶片卵形或宽卵形，有时边缘具毛；上部叶常无柄或具短柄，疏生柔毛。二歧聚伞花序顶生；苞片叶状，边缘具腺毛；花瓣白色，2深裂至基部，裂片线形或披针状线形。种子近肾形，褐色，表面具小疣。蒴果卵圆形。花期5～8月，果期6～9月。

生于山坡林下、路边或田间；常见。　全草入药，具有清热解毒、凉血、祛风、消肿止痛、消积通乳的功效。

漆姑草属 *Sagina* L.

本属约有30种，主要分布于北温带地区。我国有4种；广西有1种；姑婆山亦有。

漆姑草

Sagina japonica（Sw.）Ohwi

一年生披散草本。茎纤细，多分枝，无毛。叶片对生或假轮生；叶片线形，基部合生抱茎成膜质的短鞘，无毛。花白色，通常单生叶腋或顶生；花梗长1～2 cm；花萼5枚，外被柔毛；花瓣5片；花柱5裂。蒴果卵圆形，比花萼长约1/3，5瓣裂至中部。花期3～5月，果期5～6月。

生于路边灌木丛或林缘灌草丛中；少见。　全草入药，具有提毒拔脓、利尿的功效。

繁缕属 *Stellaria* L.

本属有190种，广泛分布于全球。我国有64种；广西有5种；姑婆山有3种。

分种检索表

1. 叶通常无柄……………………………………………………………………………雀舌草 *S. alsine*
1. 叶通常有明显的叶柄，至少基部叶有长柄。
   2. 叶片卵状椭圆形或长圆状披针形，基部楔形…………………………………中国繁缕 *S. chinensis*
   2. 叶片卵形或三角状卵形，基部圆形或平截或微心形……………………………………繁缕 *S. media*

雀舌草 天篷草

Stellaria alsine Grimm

草本。茎纤细，无毛。叶片椭圆形至卵状披针形，先端短尖，基部渐狭，边缘干后常皱缩成波状，通常无毛或仅基部边缘被缘毛；无叶柄。花序具少数花，顶生，有时单花生于叶腋；萼片披针形，先端渐尖，膜质；花瓣短于或等长萼片，2深裂；雄蕊通常5枚，少数3枚或7枚；子房卵形，花柱3枚，有时2枚，柱头稍膨大。蒴果与萼等长或稍长，顶端6裂。种子多数，圆形或肾形，微扁，表面具皱纹状突起。花期5月，果期6～7月。

生于田间、溪岸或潮湿地；少见。　全草入药，具有祛风散寒、发汗解表、活血止痛、续筋接骨、解毒消肿的功效。

中国繁缕

Stellaria chinensis Regel

多年生草本。茎细弱，铺散或上升，具4棱，无毛。叶片卵状椭圆形或长圆状披针形，先端渐尖，基部宽楔形或近圆形，边缘全缘，两面无毛，有时带粉绿色，背面中脉明显突起；叶柄短或近无，被长柔毛。聚伞花序具细长花序梗；萼片5枚，披针形，边缘膜质；花瓣5片，白色，2深裂，与萼片近等长；花柱3枚。蒴果卵萼形，比宿萼稍长或等长，6齿裂。花期5～6月，果期7～8月。

生于灌木丛、疏林中、沟谷、石缝或湿地；少见。　全草入药，具有清热解毒、活血止痛的功效；也可作饲料。

繁缕

Stellaria media（L.）Vill.

一年生或二年生草本。茎常带淡紫红色，被1（2）列毛。叶片边缘全缘；基生叶具长柄；上部叶常无柄或具短柄。聚伞花序顶生；花瓣白色，长椭圆形，比萼片短，深2裂达基部；花柱3枚，线形。蒴果卵形，稍长于宿存萼，顶端6裂。种子卵圆形至近圆形，红褐色表面具半球形瘤状突起。花期6～7月，果期7～8月。

生于山坡、路边灌木丛中或草地；常见。 全草、茎叶入药，具有清热解毒、化痰止痛、活血祛瘀、下乳催生的功效；嫩苗可食用。

粟米草科 Molluginaceae

本科约有 14 属 120 种，分布于热带亚热带地区。我国有 3 属 8 种；广西有 1 属 2 种；姑婆山有 1 种。

粟米草属 *Mollugo* L.

本属约有35种，分布于热带亚热带地区。我国有4种；广西有2种；姑婆山有1种。

粟米草

Mollugo stricta L.

铺散一年生草本。茎多分枝，有棱角，无毛，老茎通常淡红褐色。叶3～5片假轮生或对生；叶片披针形或线状披针形，先端急尖或长渐尖，基部渐狭，边缘全缘，中脉明显；叶柄短或近无柄。花组成二歧聚伞花序；花序梗细长，顶生或与叶对生；花被5枚，淡绿色，椭圆形或近圆形，脉达花被片的2/3，边缘膜质；雄蕊通常3枚，花丝基部稍宽；花柱3枚，线形。蒴果近球形，与宿存花被等长，3爿裂。花果期全年。

生于空旷荒地、农田和海岸沙地；少见。全草入药，具有清热解毒的功效，可用于腹痛泄泻、皮肤热疹、火眼及蛇咬伤。

马齿苋科 Portulacaceae

本科有19属约500种，广泛分布于全球，主产于南美洲。我国有2属6种；广西有2属4种；姑婆山有2属2种，其中1属1种为栽培种。

土人参属 *Talinum* Adans.

本属约有50种，主产于美洲温暖地区（特别是墨西哥），非洲、亚洲温暖地区多有逸生。我国有1种，栽培后逸生；姑婆山也有。

土人参
Talinum paniculatum（Jacq.）Gaertn.

一年生或多年生草本。全株无毛。主根粗壮，圆锥形。叶互生或近对生；叶片稍肉质，长5～10 cm，宽2.5～5 cm，先端有时微凹，具短尖头，边缘全缘。圆锥花序顶生或腋生，常二叉状分枝；萼片卵形，紫红色；花瓣粉红色或淡紫红色；雄蕊比花瓣短；花柱线形，柱头3裂。蒴果近球形，3爿裂。种子扁圆形，黑褐色或黑色，有光泽。花期6～8月，果期9～11月。

生于山坡疏林中或山谷平地；常见。根、叶入药，具有补中益气、健脾润肺、生津止咳、调经的功效。

蓼科 Polygonaceae

本科有50属1120种，主要分布于北温带地区，少数分布至热带地区。我国有13属238种；广西有8属64种；姑婆山有5属17种。

分属检索表

1. 藤本……………………………………………………………………………何首乌属 *Fallopia*
1. 一年生或多年生草本。
  2. 根状茎粗壮，横走；茎直立，高100～200 cm………………………………虎杖属 *Reynoutria*
  2. 根状茎不粗壮；茎直立平卧，高100 cm以下。
    3. 花柱2枚，果时伸长，硬化，顶端呈钩状，宿存……………………………金线草属 *Antenoron*
    3. 花柱3枚，果时非上述情况。
      4. 瘦果具3棱，明显比宿存花被长…………………………………………………荞麦属 *Fagopyrum*
      4. 瘦果具3棱或双凸镜状，比宿存花被短…………………………………………蓼属 *Polygonum*

金线草属 *Antenoron* Raf.

本属有3种，分布于中国、亚洲及北美洲。我国有1种2变种；姑婆山有1种。

金线草 九龙盘、一串红
Antenoron filiforme（Thunb.）Rob. et Vaut.

多年生草本。茎具糙伏毛，有纵沟，节部膨大。叶片椭圆形或长椭圆形，边缘全缘，两面均具糙伏毛；叶柄具糙伏毛；托叶鞘筒状，具短缘毛。总状花序呈穗状，顶生或腋生；苞片漏斗状，边缘膜质，具缘毛；花被4深裂，红色；雄蕊5枚；花柱2枚，顶端呈钩状。瘦果卵形，双凸镜状。花期7～8月，果期9～10月。

生于路边草地；常见。全草入药，具有凉血止血、祛瘀止痛的功效。

荞麦属 *Fagopyrum* Mill.

本属有15种，广泛分布于亚洲和欧洲。我国有10种1变种；广西有3种；姑婆山仅有1种。

金荞麦 赤地利、透骨消、苦荞头
Fagopyrum dibotrys（D. Don）H. Hara

多年生草本。茎直立，具纵棱，无毛。叶片三角形，基部近戟形，边缘全缘，两面具乳头状突起或被柔毛；托叶鞘筒状，偏斜，先端截形，无缘毛。花序顶生或腋生，伞房状；花梗中部具关节；花被5深裂，白色；花柱3枚，柱头头状。瘦果宽卵形，具3条锐棱。花期7～9月，果期8～10月。

生于路旁、水边；少见。 国家二级重点保护野生植物；根状茎入药，具有清热解毒、排脓去瘀的功效。

何首乌属 *Fallopia* Adans.

本属约有20种，主要分布于北半球温带地区。我国有7种2变种；广西有2种；姑婆山仅有1种。

何首乌 首乌、多花蓼、马肝石
Fallopia multiflora（Thunb.）Haraldson

藤本。块根肥厚；茎缠绕，无毛。叶片卵形或长卵形，长3～7 cm，宽2～5 cm，基部心形或近心形，两面粗糙，边缘全缘；托叶鞘膜质，偏斜，无毛。花序圆锥状，顶生或腋生，长10～20 cm，分枝开展，具细纵棱，沿棱密被小突起；花被5深裂，白色或淡绿色，花被片大小不相等，外面3枚较大，背部具翅，果时增大；花柱3枚，柱头头状。瘦果卵形，具3条棱，包于宿存花被内。花期8～9月，果期9～10月。

生于路边或林缘；少见。　块根入药，具有清热解毒、消痈止痛、调经、祛风养血、润肠通便的功效。

蓼属 *Polygonum* L.

本属约有230种，分布于全球，主要分布于北温带地区。我国有113种；广西有46种；姑婆山有13种。

分种检索表

1. 茎、叶柄具倒生皮刺。
  2. 托叶鞘叶状……………………………………………………………扛板归 *P. perfoliatum*
  2. 托叶鞘筒状。
    3. 托叶鞘边缘具1对叶状耳……………………………………………大箭叶蓼 *P. darrisii*
    3. 托叶鞘边缘无叶状耳，具长缘毛……………………………………糙毛蓼 *P. strigosum*
1. 茎、叶柄无倒生皮刺。
  4. 花序头状。
    5. 多年生草本。
      6. 叶掌状深裂……………………………………………………………掌叶蓼 *P. palmatum*
      6. 叶不为掌状深裂………………………………………………………火炭母 *P. chinense*
    5. 一年生草本。
      7. 茎平卧，丛生；叶片狭披针形或披针形……………………蓼子草 *P. criopolitanum*
      7. 茎直立或外倾；叶片卵形或披针状卵形…………………………尼泊尔蓼 *P. nepalense*
  4. 总状花序呈穗状。
    8. 花被具腺点。
      9. 茎无毛………………………………………………………………水蓼 *P. hydropiper*
      9. 茎被短硬伏毛…………………………………………………………伏毛蓼 *P. pubescens*
    8. 花被无腺点。
      10. 花序紧密，不间断……………………………………………………愉悦蓼 *P. jucundum*
      10. 花序细弱，全部间断或下部间断。
        11. 叶柄极短或近无柄……………………………………………长鬃蓼 *P. longisetum*
        11. 叶柄长5 mm以上。
          12. 叶片先端圆钝；托叶鞘长1～1.5 cm………………………………蓼蓝 *P. tinctorium*
          12. 叶片先端尾状渐尖；托叶鞘长4～6 mm…………………………丛枝蓼 *P. posumbu*

火炭母

Polygonum chinense L.

多年生草本。茎通常无毛，具纵棱。叶片卵形或长卵形，边缘全缘，两面无毛，有时背面沿叶脉疏生短柔毛；托叶鞘无毛，先端偏斜，无缘毛。花序头状，通常数个排成圆锥状；花序梗被腺毛；花被5深裂，白色或淡红色。瘦果宽卵形，具3条棱。花期7～9月，果期8～10月。

生于山坡、山谷疏林或路边；常见。 全草入药，具有清热解毒、利湿消滞、凉血止痒、明目退翳的功效。

蓼子草
Polygonum criopolitanum Hance

一年生草本。茎自基部分枝，平卧，丛生，节部生不定根，被长糙伏毛及稀疏的腺毛。叶片狭披针形或披针形，两面被糙伏毛，边缘具缘毛及腺毛；叶柄极短或近无柄；托叶鞘膜质，密被糙伏毛，先端具长缘毛。花序多为圆柱状，少为头状，顶生；花被5深裂，淡紫红色，花被片卵形；雄蕊5枚，花药紫色；花柱2枚，中上部合生。瘦果椭圆形，双凸镜状，有光泽。花期7～11月，果期9～12月。

生于路边、沟边湿地；少见。　全草入药，具有清热解毒、祛风解表、温中、明目、利尿的功效。

大箭叶蓼

Polygonum darrisii H. Lév.

一年生草本。茎蔓生。叶片长三角形或三角状箭形；叶柄具倒生皮刺；托叶鞘筒状，边缘具1对叶状耳，草质，绿色。总状花序头状，顶生或腋生；花序梗通常不分枝，无腺毛，具稀疏的倒生短皮刺；苞片长卵形，先端渐尖，每苞内通常具2朵花；花被5深裂，白色或淡红色；雄蕊8枚，比花被短；花柱3枚，中下部合生。瘦果近球形，微具3条棱，熟时黑褐色，有光泽，包于宿存花被内。花期6～8月，果期7～10月。

生于山地沟边或路边潮湿处；少见。　全草入药，具有清热解毒、祛风除湿的功效。

愉悦蓼

Polygonum jucundum Meisn.

一年生草本。茎直立，无毛。叶片椭圆状披针形，两面疏生硬伏毛或近无毛，边缘全缘，具短缘毛；托叶鞘膜质，筒状，疏生硬伏毛。总状花序呈穗状，顶生或腋生；花排列紧密；苞片漏斗状，绿色；花梗比苞片长；花被5深裂，花被片长圆形；雄蕊7～8枚；花柱3枚，下部合生，柱头头状。瘦果卵形，具3条棱，黑色，有光泽。花期8～9月，果期9～11月。

生于山坡草地、山谷路边及沟边湿地；少见。　全草入药，可用于肠炎、痢疾；外用于湿疹、顽癣、蛇犬咬伤。

长鬃蓼 马蓼

Polygonum longisetum Bruijn

一年生草本。茎直立、上升或基部近平卧，自基部分枝。叶片披针形或宽披针形，腹面近无毛，背面沿叶脉具短伏毛，边缘具缘毛；叶柄短或近无柄。总状花序呈穗状，顶生或腋生，细弱，下部间断，直立；花被5深裂，淡红色或紫红色，花被片椭圆形；雄蕊6～8枚；花柱3枚，中下部合生，柱头头状。瘦果宽卵形，具3条棱，熟时黑色，有光泽。花期6～8月，果期7～9月。

生于山谷水边、河边草地；少见。　全草入药，具有清热解毒、止痢、活血祛瘀、利湿止痒、温中散寒、消肿止痛的功效；种子入药，具有消瘀破积、健脾利湿的功效。

尼泊尔蓼

Polygonum nepalense Meisn.

一年生草本。茎外倾或斜升，无毛或在节部疏生腺毛。茎下部叶卵形或三角状卵形，基部宽楔形，沿叶柄下延成翅，两面无毛或疏被刺毛，疏生黄色透明腺点，叶柄长1～3 cm，或近无柄，抱茎；托叶鞘筒状，先端无缘毛，基部具刺毛。花序头状，顶生或腋生；花被通常4裂，淡紫红色或白色。瘦果宽卵形，双凸镜状，熟时黑色，密生洼点。花期5～8月，果期7～10月。

生于山坡草地、山谷路边；常见。　全草入药，具有清热解毒、活血、利水、收敛、固肠的功效。

掌叶蓼 屈草

Polygonum palmatum Dunn

多年生草本。茎直立，具纵棱，被糙伏毛及短星状毛。叶片掌状深裂，轮廓呈圆形或宽卵形，两面被短星状毛及稀疏的糙伏毛，边缘疏生缘毛，基部有时沿叶柄下延成狭翅；裂片5～7枚，卵形；叶柄长5～12 cm，被糙伏毛及短星状毛；托叶鞘短筒状，偏斜，被糙伏毛及星状毛，边缘疏生缘毛。花序头状，直径约1 cm，通常数个再集成圆锥状，顶生或腋生；花序梗密生短星状毛及糙伏毛；花被5深裂，淡红色。瘦果卵形，具3条棱。花期7～8月，果期9～10月。

生于山谷水边、山坡林下湿地；少见。　全草入药，具有止血化瘀、清热利湿、拔毒的功效。

扛板归
Polygonum perfoliatum L.

一年生草本。茎具纵棱，沿棱具稀疏的倒生皮刺。叶片三角形，腹面无毛，背面沿叶脉疏生皮刺；叶柄与叶片近等长，具倒生皮刺，盾状着生于叶片的近基部；托叶鞘叶状。总状花序呈短穗状；花被5深裂，白色或淡红色。瘦果球形，熟时黑色。花期6～8月，果期7～10月。

生于山坡、路边灌木丛中；少见。 全草入药，具有清热解毒、利尿消肿、活血的功效；地上部分入药，具有清热解毒、利水消肿、止咳的功效。

丛枝蓼 长尾叶蓼

Polygonum posumbu Buch.-Ham. ex D. Don

一年生草本。茎细弱，无毛，具纵棱，下部多分枝，外倾。叶片卵状披针形或卵形，先端尾状渐尖，基部宽楔形，两面疏生硬伏毛或近无毛；托叶鞘筒状，具硬伏毛，先端毛粗壮。总状花序呈穗状，顶生或腋生，下部间断；花稀疏；苞片边缘具缘毛，每苞片内含3～4朵花；花梗短，花被5深裂，淡红色，花被片椭圆形。瘦果卵形，具3条棱，黑褐色，有光泽，包于宿存花被内。花期6～9月，果期7～10月。

生于山坡林下、山谷水边；少见。 全草入药，具有清热解毒、凉血止血、散瘀止痛、祛风利湿、杀虫止痒的功效。

伏毛蓼

Polygonum pubescens Blume

一年生草本。茎直立，疏生短硬伏毛，带红色。叶片卵状披针形或宽披针形，腹面中部具黑褐色斑点，两面密被短硬伏毛，边缘具缘毛；叶柄密生硬伏毛；托叶鞘筒状，具硬伏毛，先端截形，具粗壮的长缘毛。总状花序呈穗状，顶生或腋生；苞片漏斗状，每苞内具3～4朵花；花被5深裂，绿色，上部红色，密生淡紫色透明腺点。瘦果卵形，具3条棱，包于宿存花被内。花期8～9月，果期8～10月。

生于沟边、水旁、田边湿地；常见。　全草入药，具有清热解毒、祛风利湿、消滞、散瘀、止痛、止血、杀虫的功效，外用治皮肤瘙痒及灭蛆；根可用于痢疾。

糙毛蓼 水湿蓼

Polygonum strigosum R. Br.

多年生草本。茎具纵棱，沿棱具倒生皮刺。叶片长椭圆形或披针形，基部近心形或截形，有时近箭形，边缘具短缘毛，腹面无毛或疏被短糙伏毛，背面沿中脉具倒生皮刺；叶柄具倒生皮刺；托叶鞘筒状，先端截形，具长缘毛，基部密被倒生皮刺。总状花序呈穗状，花序梗分枝，密被短柔毛及稀疏的腺毛；花被5深裂，白色或淡红色。瘦果近圆形，具3条棱或双凸镜状。花期8～9月，果期9～10月。

生于山谷水边、林下湿地；常见。 民间用全草治痢疾、止血、杀虫、接骨。

虎杖属 *Reynoutria* Houtt.

本属有2种，分布于亚洲。我国有1种；姑婆山亦有。

虎杖 阴阳莲、酸筒杆
Reynoutria japonica Houtt.

多年生草本。茎直立，空心，具明显的纵棱和小突起，无毛，散生红色或紫红色斑点。叶片边缘全缘，疏生小突起，两面无毛，沿叶脉具小突起；叶柄长1～2 cm，具小突起。花单性，雌雄异株；花序圆锥状，长3～8 cm，腋生；花被5深裂，淡绿色；雌花花被片外面3枚背部具翅，果时增大。瘦果卵形，具3条棱，包于宿存花被内。花期8～9月，果期9～10月。

生于路边或林缘溪水旁；少见。　根、根状茎入药，具有清热解毒、祛风利湿、散瘀定痛、通经、收敛、止咳化痰的功效；叶入药，具有祛风、凉血解毒的功效。

商陆科 Phytolaccaceae

本科约有17属70种，分布于南北半球热带地区，主产于美洲热带地区和非洲南部，仅少数分布于亚热带边缘至温带地区。我国有2属约5种；广西有1属3种；姑婆山有2种。

商陆属 *Phytolacca* L.

本属约有25种，分布于热带亚热带地区。我国有4种；广西有3种；姑婆山有2种。

分种检索表

1. 花序粗壮；果序直立；种子较大；心皮分离……………………………………………商陆 *P. acinosa*
1. 花序纤细；果序下垂；种子较小；心皮合生……………………………………垂序商陆 *P. americana*

商陆 山萝卜
Phytolacca acinosa Roxb.

多年生草本。全株无毛。主根肥大，肉质，倒圆锥形。叶片椭圆形、长椭圆形或披针状椭圆形，两面散生细小白色斑点（针晶体）。花两性；总状花序顶生或与叶对生，圆柱状，通常比叶短；花序梗长1～4 cm；花被片5枚，白色或黄绿色；花丝白色。果序直立；浆果扁球形。种子肾形，具3条棱。花期5～8月，果期6～10月。

生于山坡疏林；少见。　根入药，具有通二便、逐水、散结的功效，外敷可治痈肿疮毒。

垂序商陆 美洲商陆、洋商陆、见肿消
Phytolacca americana L.

多年生草本。茎圆柱形，有时带紫红色。叶片椭圆状卵形或卵状披针形。总状花序顶生或侧生，长5～20 cm；花梗长6～8 mm；花白色，微带红晕；花被片5枚，雄蕊、心皮及花柱通常均为10枚，心皮合生。果序下垂；浆果扁球形，熟时紫黑色。花期6～8月，果期8～10月。

生于林缘或路边；少见。　根入药，具有逐水、解毒的功效，可用于水肿、白带、风湿等；种子入药，有利尿的功效；叶入药，具有解热的功效，可用于脚气病；全草可作土农药。

藜科 Chenopodiaceae

本科约有100属1400多种，主要分布于温寒带滨海或多盐地区。我国有42属190种；广西有5属9种；姑婆山有2属2种。

分属检索表

1. 植株具芳香气味，被腺毛……………………………………………………………**刺藜属** *Dysphania*
1. 植株无气味，被囊状毛……………………………………………………………**藜属** *Chenopodium*

刺藜属 *Dysphania* R. Br.

本属有30种，广泛分布于全球，主要分布于热带亚热带至暖温带地区。我国有4种；广西有1种；姑婆山亦有。

土荆芥 臭草、杀虫芥
Dysphania ambrosioides（L.）Mosyakin et Clemants

一年生或多年生草本，有强烈香味。茎直立，多分枝，有短柔毛并兼有具节的长柔毛。叶片矩圆状披针形至披针形，边缘具稀疏不整齐的大齿，腹面平滑无毛，背面有散生油点并沿叶脉稍有毛。花两性及雌性，通常3～5朵聚集，生于上部叶腋，花绿色。胞果扁球形，完全包于花被内。花果期长。

生于村旁、路边、河岸等；常见。　全草入药，具有杀虫、除湿、止痒、止痛、健胃、祛风、通经的功效；种子入药，具有健胃的功效；根可用于腹痛。

藜属 *Chenopodium* L.

本属约有170种，广泛分布于全球。我国有15种；广西有5种；姑婆山有1种。

藜
Chenopodium album L.

一年生草本。茎具条棱及绿色或紫红色条纹，多分枝。叶片菱状卵形至宽披针形，边缘具不整齐的齿，腹面通常无粉，有时嫩叶腹面有紫红色粉，背面多少有粉；叶柄与叶片近等长，或为叶片长度的1/2。花两性，花簇于枝上部排成或大或小的穗状圆锥状或圆锥状花序；花被裂片5枚，有粉，先端或微凹。花果期5～10月。

生于路边、荒地及田间；常见。 幼苗可作蔬菜，茎叶可喂家畜；全草入药，具有止泻痢、止痒的功效。

苋科 Amaranthaceae

本科有70属900种，广泛分布于全球。我国有15属44种；广西有12属23种；姑婆山有5属10种，其中1属2种为栽培种。

分属检索表

1. 叶互生。
  2. 花两性，花丝基部联合成杯状，花柱伸长……………………………………………青葙属 *Celosia*
  2. 花单性，花丝基部分离，花柱极短或缺…………………………………………苋属 *Amaranthus*
1. 叶对生。
  3. 花序为穗状花序；茎四棱形……………………………………………………牛膝属 *Achyranthes*
  3. 花序为头状花序；茎非四棱形…………………………………………莲子草属 *Alternanthera*

牛膝属 *Achyranthes* L.

本属有15种，分布于南北半球的热带亚热带地区。我国有3种；姑婆山3种均产。

分种检索表

1. 叶片倒卵形、椭圆形或长圆形；穗状花序顶生。
  2. 小苞片两侧有全缘薄膜翅…………………………………………………土牛膝 *A. aspera*
  2. 小苞片两侧有膜质小裂片……………………………………………………牛膝 *A. bidentata*
1. 叶片披针形或宽披针形；穗状花序顶生或腋生……………………………柳叶牛膝 *A. longifolia*

土牛膝 倒刺草、倒钩草
Achyranthes aspera L.

多年生草本，高20～120 cm。茎四棱形，被柔毛，节部稍膨大，分枝对生。叶片纸质，宽卵状倒卵形或椭圆状矩圆形，先端圆钝，具突尖，两面密生柔毛，或近无毛。穗状花序顶生；花序梗具棱角，粗壮，坚硬，密生白色伏贴或开展柔毛。胞果卵形，种子卵形。花期6～8月，果期10月。

生于山坡疏林或村庄附近空旷地；常见。 全草入药，具有清热解毒、解表利湿、利水、活血的功效；根、根状茎入药，具有清热解毒、活血散瘀、祛湿利尿的功效。

柳叶牛膝

Achyranthes longifolia（Makino）Makino

多年生草本。茎有棱角或四方形，绿色或带紫色，有白色贴生或开展柔毛，或近无毛。分枝对生。叶片披针形或宽披针形，长10～20 cm，宽2～5 cm，先端尾尖。花序穗状，顶生及腋生，细长；花序梗被柔毛；小苞片针状，长约3.5 mm，基部有2枚耳状薄片，仅有缘毛；退化雄蕊方形，顶端有不明显的齿。花果期9～11月。

生于山坡疏林中或路边；少见。 根入药，具有活血散瘀、祛湿利尿、清热解毒、补肝肾、强筋骨的功效。

莲子草属 *Alternanthera* Forssk.

本属有200种，主要分布于美洲热带和暖温带地区。我国有5种；广西有2种；姑婆山2种均产。

分种检索表

1. 头状花序腋生，少数顶生，无花序梗；花药卵形……………………………………莲子草 *A. sessilis*
1. 头状花序腋生或顶生，有花序梗，稀无；花药条状长椭圆形………喜旱莲子草 *A. philoxeroides*

喜旱莲子草 空心莲子菜、水花生
Alternanthera philoxeroides（Mart.）Griseb.

多年生草本。茎基部匍匐，管状。叶片先端急尖或圆钝，边缘全缘，两面无毛或腹面有贴生毛和缘毛，背面有颗粒状突起；叶柄长3～10 mm，无毛或微被柔毛。花密生，排成具花序梗的头状花序；花序单生于叶腋，球形，直径8～15 mm；花被片白色，光亮，无毛；子房倒卵形，具短柄。花期5～10月。

生于池塘、水沟内；常见。 外来入侵种，作为饲料植物引入后逸生；全草入药，具有清热利水、凉血解毒的功效。

莲子草 救荒本草

Alternanthera sessilis（L.）R. Br. ex DC.

多年生草本。茎有条纹及纵沟，沟内被柔毛。叶片条状披针形、矩圆形、倒卵形或卵状矩圆形，边缘全缘或有不明显的齿，两面无毛或疏生柔毛。头状花序1～4个腋生，少数顶生；花密生；花序轴密生白色柔毛；花被片白色，无毛。胞果倒心形，侧扁，翅状，包在宿存花被片内。花期5～7月，果期7～9月。

生于村庄附近的草坡、水沟、田边潮湿处；常见。　全草可入药，具有散瘀消毒、清火退热的功效；嫩叶可作蔬菜食用，又可作饲料。

苋属 *Amaranthus* L.

本属约有40种，广泛分布于全球各地。我国有14种；广西有7种；姑婆山有2种。

分种检索表

1. 叶柄旁有2枚刺；苞片常变形成2枚锐刺……………………………………………刺苋 *A. spinosus*
1. 叶柄旁无刺；苞片不变形成刺……………………………………………………皱果苋 *A. viridis*

刺苋 勒苋菜、竻苋菜
Amaranthus spinosus L.

一年生草本。茎有纵条纹，绿色或带紫色，无毛或稍被柔毛。叶片菱状卵形或卵状披针形，先端圆钝，具微突头，基部楔形，边缘全缘，无毛或幼时沿叶脉稍被柔毛；叶柄无毛，在其旁有2枚刺。圆锥花序腋生及顶生，长3～25 cm；苞片在腋生花簇及顶生花穗基部的变成尖锐直刺，在顶生花穗上部的狭披针形；花被片绿色。胞果矩球形。花果期7～11月。

生于旷地、路边或园圃；少见。 嫩茎叶可作野菜食用；全草入药，具有清热解毒、散血消肿的功效。

皱果苋 绿苋

Amaranthus viridis L.

一年生草本，全体无毛。茎直立，绿色或带紫色。叶片卵形、卵状矩圆形或卵状椭圆形。圆锥花序顶生；花被片矩圆形或宽倒披针形；雄蕊比花被片短；柱头3枚或2枚。胞果扁球形，绿色，不裂，极皱缩，超出花被片。种子近球形，黑色或黑褐色，具薄且锐的环状边缘。花期6～8月，果期8～10月。

生于路边灌草丛或疏林中；常见。 嫩茎叶可作野菜食用，也可作饲料；全草入药，具有清热解毒、利尿止痛的功效。

青葙属 *Celosia* L.

本属有45～60种，分布于非洲、美洲的亚热带和温带地区。我国有3种；广西有2种；姑婆山2种均有，其中野生种有1种。

青葙 百日红、野鸡冠花、指天笔
Celosia argentea L.

一年生草本。全体无毛。叶片矩圆状披针形、披针形或披针状条形，稀为卵状矩圆形，绿色，常带红色，先端具小芒尖。花密生，在茎端或枝端排成单一、无分枝的塔状或圆柱状穗状花序；花序长3～10 cm；花被片矩圆状披针形，初为白色，先端带红色或全部粉红色，后变成白色；子房有短柄，花柱紫色。胞果卵形，包裹在宿存花被片内。花期5～8月，果期6～10月。

生于平原、田边、丘陵、山坡或林缘；常见。 外来入侵种；种子入药，具有清热明目的功效；嫩茎叶浸去苦味后可作野菜食用；全株亦可作饲料。

酢浆草科 **Oxalidaceae**

本科有6～8属约780种，分布于热带至温带地区，主要分布于南美洲热带地区。我国有3属约13种；广西有3属6种；姑婆山有1属2种。

酢浆草属 *Oxalis* L.

本属约有700种，除极地外全球各地均有分布。我国有8种；广西有3种；姑婆山有2种。

分种检索表

1. 具地上茎多分枝草本；花黄色……………………………………………………酢浆草 *O. corniculata*
1. 无地上茎草本；淡紫色至紫红色……………………………………………红花酢浆草 *O. corymbosa*

酢浆草 酸味草、黄花酢浆草
Oxalis corniculata L.

多分枝草本。全株被柔毛。根茎稍肥厚。叶基生或茎上互生；叶片基部与叶柄合生，两面被柔毛或腹面无毛，沿脉被毛较密，边缘具贴伏缘毛。花单生或数朵集为伞形花序状，腋生；花序梗淡红色；花瓣5片，黄色。蒴果长圆柱形。种子长卵形，褐色或红棕色。花果期2～9月。

生于田间、路边草地；常见。 外来入侵种；全草入药，具有解热利尿、消肿散瘀的功效。

红花酢浆草 铜锤草
Oxalis corymbosa DC.

多年生直立草本。地下部分有球状鳞茎。外层鳞片膜质，褐色，被长缘毛；内层鳞片呈三角形。叶基生；叶片被毛或近无毛，通常两面或干后仅边缘有呈棕黑色的小腺体，背面尤甚，并被疏毛。二歧聚伞花序，通常排列成伞形花序式；花序梗基生；花瓣淡紫色至紫红色。花果期3～12月。

生于低海拔的山地、路边、荒地或水田中；常见。 外来入侵种；全草入药，可用于跌打损伤、赤白痢、止血等；花色艳丽，可作绿化观赏花卉。

凤仙花科 Balsaminaceae

本科有2属900种以上，主要分布于亚洲及非洲热带地区，少数分布于温带地区。我国有2属228种；广西有1属，即凤仙花属 *Impatiens*，共33种；姑婆山有1属3种，其中1种为栽培种。

分种检索表

1. 叶对生；花单生或2～3朵簇生于叶腋，无花序梗……………………………………华凤仙 *I. chinensis*

1. 叶互生；花序梗单生于上部叶腋，长4～7 cm……………………………大旗瓣凤仙花 *I. macrovexilla*

华凤仙 水边指甲花

Impatiens chinensis L.

一年生草本。茎无毛。叶对生，无柄或几无柄；叶片硬纸质，线形或线状披针形，稀倒卵形，基部近心形或截形，有托叶状的腺体，边缘疏生刺状齿，腹面被微糙毛，背面无毛，侧脉5～7对。花较大，单生或2～3朵簇生于叶腋，无花序梗，紫红色或白色；花梗长2～4 cm，一侧常被硬糙毛。蒴果椭圆形，中部膨大，顶端喙尖，无毛。花期6～8月，果期9～11月。

生于池塘、水沟旁、田边或沼泽地；常见。 全草入药，具有清热解毒、消肿拔脓、活血散瘀的功效；花色艳丽，可作绿化观赏花卉。

大旗瓣凤仙花

Impatiens macrovexilla Y. L. Chen

一年生草本。茎肉质，直立。叶互生，具柄；叶片膜质，长圆形或长圆状披针形。花序梗单生于上部叶腋；花紫色；侧生萼片2枚，绿色，宽卵形；翼瓣无柄，2裂，基部裂片长圆形，先端圆形，上部裂片斧形，具三角状浅裂；唇瓣窄漏斗形，先端具喙尖；花丝线形；花药顶端钝；子房纺锤状，直立。蒴果长圆形，顶端具3～5枚齿裂。花期9～10月。

生于山谷阴处、林下或路边灌草丛中；少见。 花色艳丽，可栽培供观赏。

千屈菜科 Lythraceae

本科有31属625～650种，主要分布于热带亚热带地区，尤以美洲热带地区最盛，少数延伸至温带地区。我国有10属43种；广西有6属13种；姑婆山有3属4种，其中1属2种为栽培种。

分属检索表

1. 半灌木、灌木或小乔木……………………………………………………………萼距花属 *Cuphea*
1. 一年生野生草本…………………………………………………………………节节菜属 *Rotala*

萼距花属 *Cuphea* P. Browne

本属约有300种，原产于美洲及夏威夷群岛。我国引种栽培的有7种；广西有2种；姑婆山有2种，其中1种逸生。

香膏萼距花

Cuphea carthagenensis（Jacq.）J. F. Macbr.

一年生草本。小枝纤细；幼枝被短硬毛。叶对生；叶片薄革质，卵状披针形或披针状矩圆形，先端渐尖或阔渐尖，基部渐狭或有时近圆形，两面粗糙，幼时被粗伏毛，后变无毛；叶柄极短，近无柄。花单生于枝顶或分枝的叶腋上，排成带叶的总状花序；花萼在纵棱上疏被硬毛；花瓣6枚，等大，蓝紫色或紫色；子房矩圆形，花柱无毛。花期7～12月。

生于路边灌草丛中；少见。 景观绿化植物，也是优良的蜜源植物；地上部分入药，具有发汗、解热、缓泻、利尿等功效。

节节菜属 *Rotala* L.

本属有46种，分布于热带亚热带地区。我国有10种；广西有4种；姑婆山有1种。

圆叶节节菜
Rotala rotundifolia（Buch.-Ham. ex Roxb.）Koehne

一年生草本。茎带紫红色。叶对生；叶片侧脉4对。花单生于苞片内，排成顶生稠密的穗状花序；花序长1～4 cm；苞片叶状，卵形或卵状矩圆形，约与花等长；萼筒阔钟形，裂片4枚；花瓣4片，倒卵形，淡紫红色；子房近梨形，柱头盘状。蒴果椭圆形，3～4爿裂。花果期12月至次年6月。

生于水田或潮湿处；少见。 我国南部水田的杂草之一，群众常用作猪饲料；全草入药，具有清热解毒、健脾利湿、消肿的功效。

柳叶菜科 Onagraceae

本科有17属650多种，广泛分布于亚热带和温带地区，以北美洲西部为多。我国有6属64种；广西有4属18种；姑婆山有1属2种。

丁香蓼属 *Ludwigia* L.

本属约有80种，广泛分布于除南极外的全球各地。我国有9种；广西有6种；姑婆山有2种。

分种检索表

1. 雄蕊与花萼裂片同数……………………………………………………………细花丁香蓼 *L. perennis*
1. 雄蕊数为花萼裂片的2倍……………………………………………………………草龙 *L. hyssopifolia*

草龙

Ludwigia hyssopifolia（G. Don）Exell

一年生直立草本。幼枝及花序被微柔毛。叶片先端渐狭或锐尖，基部狭楔形；侧脉每侧9～16条，在近边缘不明显环结；背面脉上疏被短毛。花腋生；萼片4枚，卵状披针形，无毛或被短柔毛；花瓣4片，黄色，倒卵形或近椭圆形。蒴果近无梗，种子外面有纵横条纹，有纵形种脊。花果期几乎全年。

生于田边、水沟、塘边、湿草地等湿润向阳处；少见。 外来入侵植物；全草入药，具有清热解毒、去腐生肌的功效。

小二仙草科 Haloragaceae

本科有8属约100种，广泛分布于全球，主要分布于大洋洲。我国有2属13种；广西有2属6种；姑婆山有1属1种。

小二仙草属 *Gonocarpus* Thunb.

本属约有35种，分布于大洋洲、北美洲、亚洲和地中海沿岸，主产于大洋洲。我国有2种；广西有2种；姑婆山有1种。

小二仙草 船板草、豆瓣草
Gonocarpus micranthus Thunb.

多年生陆生草本。茎直立或下部平卧。叶对生；叶片卵形或卵圆形，边缘具稀疏齿，通常两面无毛。花序为顶生的圆锥花序，由纤细的总状花序组成；花两性，极小；花瓣4片，淡红色，比萼片长2倍；雄蕊8枚，花丝短，花药线状椭圆形，子房下位，2～4室。坚果近球形，有8条纵钝棱，无毛。花期4～8月，果期5～10月。

生于草丛中；常见。　全草入药，具有清热解毒、利尿除湿、散瘀消肿的功效。

瑞香科 Thymelaeaceae

本科有48属约650种，广泛分布于热带至温带地区，多分布于非洲、大洋洲及地中海沿岸。我国有9属115种；广西有4属16种；姑婆山有2属4种。

分属检索表

1. 叶常互生；花序具苞片……………………………………………………………………瑞香属 *Daphne*
1. 叶常对生；花序无苞片……………………………………………………………荛花属 *Wikstroemia*

瑞香属 *Daphne* L.

本属有95种，主要分布于欧洲、亚洲的东部、中部，东至中国、日本，南到印度至印度尼西亚。我国有52种；广西有5种；姑婆山有2种。

分种检索表

1. 花腋生；叶片较小，两面均被绢毛…………………………………………………长柱瑞香 *D. championii*
1. 花顶生；叶片较大，两面无毛………………………………………………………………白瑞香 *D. papyracea*

长柱瑞香 野黄皮
Daphne championii Benth.

常绿直立灌木。枝纤细，具黄色或灰色丝状粗毛，老时毛脱落。叶互生；叶片近纸质或近膜质，椭圆形或近卵状椭圆形，边缘全缘，两面被白色丝状粗毛，侧脉5～6对；叶柄长1～2 mm，密被白色丝状长粗毛。花白色，通常3～7朵排成头状花序，腋生或侧生；花萼筒筒状；花柱细长，柱头头状。花期2～4月。

生于海拔200～650 m山腰密林中或林缘；少见。 根皮、茎皮入药，具有祛风除湿、解毒消肿、消痈散积的功效；全株入药，具有消痈散积、消炎的功效；茎皮纤维为蜡纸、复写纸等高级用纸原料，还可制人造棉。

白瑞香 野山麻、一身饱暖

Daphne papyracea Wall. ex Steud.

常绿灌木。当年生枝被粗绒毛。叶互生；叶片长椭圆形或长圆状披针形，先端钝尖或长渐尖至尾尖，基部楔形，两面无毛，侧脉7～15对；叶柄几无毛。多花簇生小枝顶端成头状花序；花序梗长2 mm，被丝状柔毛，具叶状苞片；花萼筒外面被淡黄色丝状柔毛，裂片4枚。果卵形或倒梨形，熟时红色；果柄长6 mm，被丝状毛。花期11月至翌年1月，果期4～5月。

生于密林下或灌木丛中；少见。 根皮、茎皮、花、果实入药，具有祛风除湿、活血调经、接骨、止痛的功效。

荛花属 *Wikstroemia* Endl.

本属约有70种，分布于亚洲北部经喜马拉雅、马来西亚、大洋洲、波利尼西亚至夏威夷群岛。我国约有49种；广西有8种；姑婆山有2种。

分种检索表

1. 花萼筒及花序被毛；小枝被短柔毛……………………………………………北江荛花 *W. monnula*
1. 花萼近无毛；小枝红褐色，无毛…………………………………………………了哥王 *W. indica*

北江荛花 山棉皮、山谷麻
Wikstroemia monnula Hance

灌木。枝暗绿色，无毛；小枝被短柔毛。叶对生或近对生；叶片卵状椭圆形至椭圆形或椭圆状披针形，腹面无毛，背面脉上被疏柔毛，侧脉纤细，每边4～5条；叶柄短，长1～1.5 mm。总状花序顶生，有8～12花；花黄色带紫色或淡红色，花萼外面被白色柔毛；子房具柄，顶端密被柔毛。果卵圆形，基部为宿存萼所包被。花期4～8月，果期8～11月。

生于海拔650～1100 m的山坡、灌木丛中或路边；常见。 根入药，具有散结散瘀、清热消肿、通经逐水的功效；根皮、叶入药，可用于跌打损伤。

了哥王 地皮棉、乌麻
Wikstroemia indica（L.）C. A. Mey.

灌木。小枝红褐色，无毛。叶对生；叶片倒卵形、椭圆状长圆形或披针形，无毛。花黄绿色，数朵排成顶生短总状花序；花序梗无毛；花萼近无毛，裂片4枚；雄蕊8枚，着生于花萼管中部以上；子房倒卵形或椭圆形，无毛或在顶端被疏柔毛。果熟时红色至暗紫色。花果期为夏秋间。

生于山坡、山顶疏林或密林中，以及路边灌木丛中；少见。 全株有毒，可入药，具有清热解毒、通经利水、化痰止咳的功效；茎皮纤维可作造纸原料。

紫茉莉科 Nyctaginaceae

本科约有30属300种，分布于热带亚热带地区，主产于美洲热带地区。我国有6属13种；广西有3属5种；姑婆山有2属2种，其中1属1种为栽培种。

紫茉莉属 *Mirabilis* L.

本属约有50种，主要分布于美洲热带地区。我国栽培1种，有时逸为野生；广西姑婆山也有。

紫茉莉 指甲花、胭脂

Mirabilis jalapa L.

一年生草本。茎直立，多分枝，无毛或疏生细柔毛，节稍膨大。叶片卵形或卵状三角形，边缘全缘，两面均无毛。花常数朵簇生于枝端，紫红色、黄色、白色或杂色；花被筒高脚碟状；花午后开放，有香气，翌日午前凋萎。瘦果球形，熟时黑色，表面具皱纹。花期6～10月，果期8～11月。

生于山谷平地或路边；常见。 外来入侵植物；根、叶入药，具有清热解毒、活血调经、滋补的功效；种子白粉可去面部癍痣粉刺。

山龙眼科 Proteaceae

本科约有80属1700种，主要分布于大洋洲和非洲南部，亚洲和南美洲也有分布。我国有3属25种；广西有3属16种；姑婆山有1属2种。

山龙眼属 *Helicia* Lour.

本属约有97种，分布于热带亚热带地区。我国有20种；广西有12种；姑婆山有2种。

分种检索表

1. 芽被褐色或锈色短毛；叶片边缘具疏齿或细齿……………………………网脉山龙眼 *H. reticulata*
1. 芽无毛；叶片边缘全缘或上半部叶缘具疏浅齿………………………小果山龙眼 *H. cochinchinensis*

网脉山龙眼 罗白木、萝卜树
Helicia reticulata W. T. Wang

乔木或灌木。芽被褐色或锈色短毛；小枝和成长叶均无毛。叶片先端短渐尖、急尖或钝，基部楔形，边缘具疏齿或细齿；中脉和6～12对侧脉在两面均隆起或突起，网脉两面均突起或明显。总状花序腋生或生于小枝已落叶腋部，无毛；有时花序轴和花梗初被短毛，后变无毛；花梗常双生；花被筒白色或浅黄色。果椭圆状，顶端具短尖，黑色。花期5～7月，果期10～12月。

生于山地常绿阔叶林中；常见。 枝、叶入药，外用于跌打损伤、刀伤； 果实入药，具有收敛、解毒、化痔的功效；种子含淀粉，可作工业原料和饲料，经处理后可食用。

海桐花科 **Pittosporaceae**

本科有9属约340种，分布于热带亚热带地区。我国只有1属，即海桐花属 *Pittosporun*，共47种18变种；广西有19种5变种；姑婆山有4种，其中1种为栽培种。

分种检索表

1. 果较小，长1.5 cm以下……………………………………………………少花海桐 *P. pauciflorum*
1. 果较大，长2 cm以上。
    2. 果倒卵形，2爿裂………………………………………………………薄片海桐 *P. tenuivalvatum*
    2. 果椭圆形，3爿裂…………………………………………………………光叶海桐 *P. glabratum*

光叶海桐　一朵云、长果满天香

Pittosporum glabratum Lindl.

常绿灌木。嫩枝无毛。叶聚生于枝顶；叶片薄革质，二年生，窄矩圆形或倒披针形，腹面发亮，背面淡绿色，无毛，侧脉5～8对。花序伞形，1～4个簇生于枝顶叶腋，多花；花瓣分离，倒披针形。蒴果椭圆形，3爿裂；果爿薄，革质，每爿有种子约6粒；果梗短而粗壮。种子近圆形，红色。花期3～8月，果期9～12月。

生于山坡疏林或林缘路边；少见。　根、茎入药，具有散瘀消肿、祛风止痛的功效；叶可解毒止血；种子具有清热、生津止渴、涩肠固精的功效。

少花海桐

Pittosporum pauciflorum Hook. & Arn.

常绿灌木。嫩枝无毛。叶散布于嫩枝上，有时呈假轮生状；叶片狭窄矩圆形或狭窄倒披针形，腹面深绿色，发亮，背面在幼嫩时有微毛，后变秃净，侧脉6～8对，与网脉在背面突起，边缘干后稍反卷；叶柄长8～15 mm。花3～5朵生于枝顶叶腋内，呈假伞形状；花梗长约1 cm；子房长卵形，被灰绒毛，子房柄短，有侧膜胎座3个。蒴果椭圆形或卵形，被疏毛，3片裂开，胎座位于果片中部。

生于山坡疏林下或林缘路边；少见。 全株入药，可用于跌打损伤、风湿痹痛、胃腕痛、毒蛇咬伤。

大风子科 Flacourtiaceae

本科有80属500多种，主要分布于热带地区。我国有10属约24种；广西有7属21种；姑婆山有2属2种。

分属检索表

1. 叶较小，倒卵状长圆形或长圆状椭圆形，叶脉羽状……………………山桂花属 *Bennettiodendron*
1. 叶较大，卵圆形心状圆形或宽心形，具掌状脉5～7条……………………………山桐子属 *Idesia*

山桂花属 *Bennettiodendron* Merr.

本属有2～3种，分布于中国、印度、缅甸、越南、马来西亚和印度尼西亚。我国有1种；姑婆山亦有。

山桂花 短柄本勒木

Bennettiodendron leprosipes（Clos）Merr.

常绿小乔木或灌木。树皮有臭味。叶片近革质，倒卵状长圆形或长圆状椭圆形，边缘有粗齿和不整齐的腺齿，两面无毛，中脉在腹面凹，在背面突起，侧脉5～10对；叶柄长2～8 cm，无毛。圆锥花序顶生，长5～10 cm，稀达20 cm，多分枝；花浅灰色或黄绿色，有芳香。浆果熟时红色至黄红色，球形，发亮。花期2～6月，果期4～11月。

生于山坡和山谷混交林或灌木丛中；少见。　全株入药，可用于消化不良。

山桐子属 *Idesia* Maxim.

本属仅1种，分布于中国、日本和朝鲜。广西姑婆山也有。

山桐子 水冬桐
Idesia polycarpa Maxim.

落叶乔木。小枝圆柱形，细而脆；当年生枝条紫绿色，有淡黄色的长毛。叶片卵圆形、心状卵形或宽心形，先端渐尖或尾状，基部通常心形，边缘有粗齿，齿尖有腺体，腹面光滑无毛，背面有白粉，沿脉有疏柔毛，脉腋有丛毛，基部脉腋更多，基出脉通常5条。花单性，雌雄异株或杂性，黄绿色，有芳香，花瓣缺，排成顶生下垂的圆锥花序；花序梗有疏柔毛。浆果扁圆形，熟时紫红色。花期4～5月，果熟期10～11月。

生于低山区的山坡落叶阔叶林和针阔叶混交林中；少见。　叶入药，具有清热凉血、散瘀消肿的功效；种子含油，种子油可作工业原料，也可作桐油的代用品制油漆，具有杀虫的功效。

天料木科 Samydaceae

本科有17属约400种，主要分布于热带地区，少数分布于亚热带地区。我国有2属18种；广西有2属15种；姑婆山有1属1种。

天料木属 *Homalium* Jacq.

本属有180～200种，广泛分布于热带地区，大部分生于低海拔的雨林中。我国有10种；广西有8种；姑婆山有1种。

天料木
Homalium cochinchinense（Lour.）Druce

小乔木或灌木。小枝圆柱形，幼时密被淡黄色短柔毛；老枝无毛，有明显的纵棱。叶片先端急尖至短渐尖，基部楔形至宽楔形，边缘有疏钝齿，两面沿中脉和侧脉被短柔毛，偶在背面有疏短柔毛，侧脉7～9对，在边缘处网结；叶柄长2～3 mm，被淡黄色短柔毛。花多数，单朵或簇生排成总状；花序长5～15 cm，被黄色短柔毛；花梗丝状，被开展黄色短柔毛；子房有毛，花柱通常3枚，丝状。蒴果倒圆锥状，近无毛。花期全年，果期9～12月。

生于海拔400～1200 m的山地阔叶林中；少见。　根入药，具有收敛的功效，可用于淋病、肝炎。

西番莲科 Passifloraceae

本科有16属约660种，主要分布于热带亚热带地区。我国有2属23种；广西有2属13种；姑婆山有1属1种。

西番莲属 *Passiflora* L.

本属约有520种，主要分布于美洲、亚洲的热带地区。我国有20种；广西有12种；姑婆山有1种。

广东西番莲　散痈薯
Passiflora kwangtungensis Merr.

草质藤本。叶片披针形至长圆状披针形，稀卵形，边缘全缘，膜质，先端长渐尖，基部心形，有时盾状，基生脉三出；叶柄中部或略上具2个小盘状腺体。聚伞花序有花1～4朵；花白色；萼片背部先端无角状附属器。浆果球形。

生于山坡疏林下或林缘路旁；少见。　全草入药，具有清热解毒、消肿除湿的功效，可用于痈疮肿毒、湿疹。

葫芦科 Cucurbitaceae

本科有123属800多种，大多数分布于热带亚热带地区，少数种类散布至温带地区。我国有35属151种；广西有24属73种；姑婆山有6属14种。

分属检索表

1. 花瓣边缘流苏状…………………………………………………………栝楼属 *Trichosanthes*
1. 花冠裂片全缘或近全缘，不为流苏状。
  2. 雄蕊基部合生…………………………………………………………绞股蓝属 *Gynostemma*
  2. 雄蕊分离。
    3. 雄蕊5枚…………………………………………………………………赤瓟属 *Thladiantha*
    3. 雄蕊3枚。
      4. 花和果均小型；果表面平。
        5. 雌雄同株；种子卵形，扁平……………………………………马交儿属 *Zehneria*
        5. 雌雄异株；种子圆球形………………………………………………茅瓜属 *Solena*
      4. 花和果中等大；果表面常有明显的瘤状突起……………………………苦瓜属 *Momordica*

绞股蓝属 *Gynostemma* Blume

本属有17种，分布于亚洲热带地区，自喜马拉雅至日本、马来群岛和新几内亚岛。我国有14种；广西有6种；姑婆山有2种。

分种检索表

1. 小叶5～7片，两面被柔毛……………………………………………………绞股蓝 *G. pentaphyllum*
1. 小叶3片，光滑无毛…………………………………………………………光叶绞股蓝 *G. laxum*

光叶绞股蓝 三叶绞股蓝

Gynostemma laxum（Wall.）Cogn.

攀缘草本。茎细弱，多分枝，具纵棱及槽，无毛或疏被微柔毛。鸟足状三出复叶，小叶片纸质。花雌雄异株；雄圆锥花序顶生或腋生，纤细；花萼5裂，裂片狭三角状卵形；花冠黄绿色，5深裂，裂片狭卵状披针形；雄蕊5枚，花丝合生，花药着生其顶端；雌花序同雄花；花冠裂片狭三角形；子房球形，花柱3枚，离生，柱头2裂。浆果球形，黄绿色，无毛，不开裂。种子阔卵形。花期8月，果期8～9月。

生于山坡、山谷疏林下或路边；常见。 全草、根状茎入药，具有清热解毒、消炎、止咳祛痰的功效。

绞股蓝

Gynostemma pentaphyllum（Thunb.）Makino

常绿草质藤本。茎细弱，具纵棱及槽。鸟足状复叶，5～7片，小叶片膜质或纸质。卷须纤细，二歧，稀单一。花雌雄异株；雄花圆锥花序，花绿白色；雌花圆锥花序远比雄花花序短小，花萼及花冠似雄花。果肉质不裂，球形，熟后黑色。种子卵状心形。花期3～11月，果期4～12月。

生于山坡、山谷密林下或路边灌木丛中；常见。　全草、根状茎入药，具有清热解毒、消炎、止咳祛痰的功效。

苦瓜属 *Momordica* L.

本属有45种，多数分布于非洲热带地区，少数在温带地区有栽培。我国有3种；广西3种均产；姑婆山有1种。

木鳖子

Momordica cochinchinensis（Lour.）Spreng.

多年生粗壮大藤本，具块状根。叶片3～5中裂至深裂；卷须颇粗壮，光滑无毛，不分歧；叶柄具2～4个腺体。雌雄异株；花冠黄色，基部有齿状黄色腺体。果实卵形，顶端有1个短喙，熟时红色，具刺尖的突起。种子卵形或方形，干后黑褐色，具雕纹。花期6～8月，果期8～10月。

生于山坡林缘路边；少见。　根、叶、种子入药，具有散结、消肿、解毒疗疮、止痛的功效。

茅瓜属 *Solena* Lour.

本属有3种，分布于亚洲南部和东南部。我国仅有1种；广西姑婆山也有。

茅瓜
Solena heterophylla Lour.

攀缘草木。块根纺锤状。茎、枝柔弱，无毛。叶片薄革质，卵形、长圆形、卵状三角形或戟形，不分裂或3～5浅裂、中裂或深裂。雌雄异株；雄花序伞房状；雄花极小，花萼裂片近钻形。果熟时红褐色，长圆形或近球形。种子鼓起。花期5～8月，果期6～11月。

生于林缘路边；常见。 块根入药，具有清热化痰、利湿、散结消肿的功效。

赤瓟属 *Thladiantha* Bunge

本属有23种，分布于中国、不丹、印度、印度尼西亚、日本、朝鲜、老挝、缅甸、泰国和越南。我国有23种；广西有8种；姑婆山有2种。

分种检索表

1. 雄花序上具扇形、边缘锐裂的苞片……………………………………………………大苞赤瓟 *T. cordifolia*
1. 雄花序上不具覆瓦状排列的扇形苞片…………………………………………………南赤瓟 *T. nudiflora*

大苞赤瓟
Thladiantha cordifolia（Blume）Cogn.

草质藤本，全体被长柔毛。叶片卵状心形，边缘有不规则的胼胝质小齿，基部心形，腹面粗糙，密被长柔毛和基部膨大的短刚毛，后刚毛从基部断裂，在腹面上残留疣状突起，背面密被淡黄色的长柔毛。雄花序上每朵花基部具1枚扇形苞片，呈覆瓦状排列于花序梗的上端；苞片宽卵形，边缘锐裂。子房和果实长圆形；果皮较厚。种子宽卵形，有网纹。花果期5～11月。

生于路边、沟谷；少见。 块根入药，具有消炎解毒的功效。

南赤瓟 裸花赤瓟

Thladiantha nudiflora Hemsl.

全体密被柔毛状硬毛。叶片质地稍硬，宽卵状心形或近圆心形，边缘具胼胝状小尖头的细齿，腹面粗糙，有短刚毛，后断裂成小疣点，背面密被短柔毛状硬毛。子房卵形，密被黄褐色柔毛。果实近卵形或长圆形，基部钝圆，顶端稍尖。花期5～8月，果期8～11月。

生于山坡、山谷疏林下或路边；常见。 根和叶入药，具有清热解毒、消食化滞的功效。

栝楼属 *Trichosanthes* L.

本属约有100种，主要分布于亚洲东南部，向南经马来西亚至澳大利亚北部，向北经中国至朝鲜、日本。我国有33种；广西有21种；姑婆山有7种。

分种检索表

1. 叶为鸟足状3～5片小叶……………………………………………………………趾叶栝楼 *T. pedata*
1. 叶为单叶。
  2. 花序、苞片、花萼及果实均密被锈色柔毛…………………………………两广栝楼 *T. reticulinervis*
  2. 花序、苞片、花萼及果实均无毛或被毛，但绝不被锈色柔毛。
    3. 种子3室，呈十字形或三角形。
      4. 种子稍呈十字形，两侧室大…………………………………………………王瓜 *T. cucumeroides*
      4. 种子三角形，两侧室小…………………………………………………………全缘栝楼 *T. pilosa*
    3. 种子1室，椭圆形。
      5. 雄花苞片较大，长2.5 cm以上。
        6. 雄花苞片边缘撕裂状；花冠白色…………………………………………长萼栝楼 *T. laceribractea*
        6. 雄花苞片边缘具锐裂的长齿；花冠粉红色至红色……………………红花栝楼 *T. rubriflos*
      5. 雄花苞片较小，长2 cm以下，边缘齿状……………………………………中华栝楼 *T. rosthornii*

王瓜 野西瓜、山丝瓜藤、毛瓜
Trichosanthes cucumeroides（Ser.）Maxim.

攀缘藤本。块根纺锤形，肥大。茎细弱，具纵棱及槽。叶片纸质，阔卵形或圆形，常3～5浅裂至深裂或不分裂，基部深心形。花雌雄异株；花冠白色；花萼筒喇叭状，裂片具极长的丝状流苏。果卵圆形、卵状椭圆形或球形。种子横长圆形，表面具瘤状突起。花期5～8月，果期8～11月。

生于山坡疏林下或林缘路边；常见。　果实入药，具有清热、生津、消瘀、通乳等功效。

长萼栝楼

Trichosanthes laceribractea Hayata

攀缘草本。茎具纵棱及槽。单叶互生；叶片纸质，形状变化较大，轮廓近圆形或阔卵形。花雌雄异株；雄花总状花序腋生，花序梗粗壮，花萼筒狭线形，裂片卵形，花冠白色，裂片倒卵形；雌花单生，花萼筒圆柱状，花冠同雄花，子房卵形，无毛。果球形至卵球形，熟时橙黄色至橙红色，平滑。种子长方形或长方状椭圆形，灰褐色，两端钝圆或平截。花期7～8月，果期9～10月。

生于山坡密林下；常见。 果实入药，具有润肺、化痰、散结、滑肠的功效；种子入药，具有润肺、化痰、滑肠的功效。

趾叶栝楼

Trichosanthes pedata Merr. et Chun

草质攀缘藤本。鸟足状复叶具小叶3～5片；小叶膜质或近纸质；中央小叶常为披针形或长圆状倒披针形。卷须长而细弱，具条纹，二歧。花冠白色，裂片倒卵形，先端具流苏。果球形，橙黄色。种子卵形，灰褐色；种脐压扁状，三角形，无边棱及线。花期6～8月，果期7～12月。

生于密林中或林缘路旁；少见。　根、果实入药，具有清热化痰、生津止渴、降火润肠等功效；种子入药，具有宽胸、散结、润肠的功效。

两广栝楼

Trichosanthes reticulinervis C. Y. Wu ex S. K. Chen

大攀缘藤本。茎中等粗，具纵棱及槽。叶片革质，卵状至阔卵状心形。花雌雄异株；雄花排列成总状花序或狭圆锥花序，花萼筒钟状，裂片三角状卵形，花冠白色，裂片扇形，花药柱长圆形，花丝粗；雌花单生，花冠白色，裂片狭长圆形，子房卵形，花柱短粗，柱头3裂。果实卵圆形。种子卵形，压扁状，淡褐色；种脐端钝，另端圆形。花期5～6月，果期7～8月。

生于山坡、山谷密林下或路边；常见。

根入药，可用于热病烦渴、肺热燥咳、消渴、疮疡肿毒等。

中华栝楼 双边栝楼

Trichosanthes rosthornii Harms

草质藤本。块根条状，肥厚，具横瘤状突起。叶片纸质，3～7深裂，几达基部，裂片线状披针形至倒披针形，基部心形。花冠白色，顶端具丝状长流苏。果球形或椭圆形，熟时果皮及果瓤均橙黄色。种子卵状椭圆形，深棕色，边缘具环状隆起。花期6～8月，果期8～10月。

生于山坡、山谷密林中或路边；常见。 根入药，具有清热生津、消肿排脓的功效；种子入药，具有润肺、化痰、滑肠的功效。

马交儿属 *Zehneria* Endl.

本科约有 55 种，分布于非洲和亚洲热带亚热带地区。我国有 4 种；广西有 3 种；姑婆山有 1 种。

钮子瓜 野杜瓜

Zehneria bodinieri（H. Lév.）W. J. de Wilde et Duyfjes

草质藤本。叶片宽卵形或稀三角状卵形，长、宽均为3～10 cm。雌雄同株；雄花常3～9朵生于花序梗顶端呈近头状或伞房状花序，白色；雌花单生，稀几朵生于花序梗顶端或极稀雌雄同序。浆果球状或卵状。种子卵状长圆形，扁压。花期4～8月，果期8～11月。

生于林缘路边；常见。　全草或根入药，具有清热、镇痉、解毒、通淋的功效，可用于小儿高烧、小儿高烧抽筋、痈疮肿毒。

秋海棠科 Begoniaceae

本科有 2 ～ 3 属 1400 多种，广泛分布于热带亚热带地区。我国仅有 1 属，即秋海棠属 *Begonia*，有 173 种；广西有 80 种；姑婆山有 4 种。

分种检索表

1. 植株无地上茎。
   2. 叶不裂……………………………………………………………紫背天葵 *B. fimbristipula*
   2. 叶5～6深裂………………………………………………………周裂秋海棠 *B. circumlobata*
1. 植株有地上茎。
   3. 叶分裂……………………………………………………………裂叶秋海棠 *B. palmata*
   3. 叶不分裂，边缘有齿或全缘………………………………………粗喙秋海棠 *B. longifolia*

紫背天葵　散血子、红天葵、红水葵
Begonia fimbristipula Hance

多年生小草本。根状茎球状。基生叶常1片，先端急尖或渐尖状急尖，基部略偏斜，腹面绿色，常有白色小斑点，背面紫色。花葶高6～18 cm；花粉红色，排成二回至三回二歧聚伞状花序；雄花花被片4枚，雌花花被片3枚。蒴果具不等的3翅。种子极多数。花期4～5月，果期6月。

生于山坡、山顶疏林中的石头上或悬崖石缝中；常见。　全株或地下球茎入药，具有清热解毒、润肺止咳的功效。

裂叶秋海棠 红天葵、红孩儿、红半边莲

Begonia palmata D. Don

多年生草本，高达50 cm。根状茎匍匐，节膨大。茎直立，有明显沟纹。叶片阔斜卵形，不规则浅裂，边缘被紫红色小齿和缘毛，背面淡绿或淡紫色；叶柄被褐色长毛。聚伞花序；花粉红色或白色。蒴果具不等的3翅。花期6～8月，果期11～12月。

生于山坡、山谷密林下阴湿处或林缘路边；常见。　全草入药，具有清热解毒、润肺止咳、消肿止痛的功效。

粗喙秋海棠 大半边莲、肉半边莲、半边莲

Begonia longifolia Blume

多年生草本。根状茎膨大，呈不规则块状。叶互生；叶片两侧极不相等，先端渐尖至尾状渐尖，基部极偏斜，呈微心形，外侧有1枚大耳片。聚伞花序生叶腋间；花白色；雄花被片和雌花被片均为4片。蒴果近球形，顶端具粗厚长喙，无翅。种子极多数。花期4～5月，果期7月。

生于山坡、山谷密林下阴湿处或林缘路边；常见。 全草或根状茎入药，具有清热解毒、消肿止痛的功效。

山茶科 Theaceae

本科有19属600种，主要分布于热带亚热带地区。我国有12属274种；广西有13属184种；姑婆山有8属31种4变种。

分属检索表

1. 花大，直径2～12 cm，两性，雄蕊多轮，子房上位；蒴果。
  2. 萼片多于5枚，宿存或脱落；花瓣常多于5片；种子大且无翅。
    3. 蒴果从上部开裂，中轴脱落……………………………………………………**山茶属** *Camellia*
    3. 蒴果自下部向上开裂，中轴宿存或为不开裂的核果……………………**核果茶属** *Pyrenaria*
  2. 萼片5枚，宿存；花瓣5片；种子小，有翅或无翅。
    4. 果长筒形；种子上端有长翅……………………………………………………**大头茶属** *Polyspora*
    4. 果球形；种子周围有翅……………………………………………………………**木荷属** *Schima*
1. 花小，直径小于2 cm（若大于2 cm，则子房半下位），两性或单性，雄蕊1～2轮；浆果或闭果。
    5. 花单生于叶腋；叶排成多列……………………………………………………**厚皮香属** *Ternstroemia*
    5. 花数朵腋生；叶排成2列，稀多列。
      6. 花两性。
        7. 顶芽有毛；花柱边缘全缘………………………………………………**杨桐属** *Adinandra*
        7. 顶芽无毛；花柱2～3裂…………………………………………………**红淡比属** *Cleyera*
      6. 花单性……………………………………………………………………………**柃木属** *Eurya*

杨桐属 *Adinandra* Jack

本属约有85种，分布于亚洲和非洲热带亚热带地区。我国有22种；广西有17种；姑婆山有3种1变种。

分种检索表

1. 叶基部为不整正的耳形，一侧多少抱茎………………………………**耳基叶杨桐** *A. auriformis*
1. 叶基部楔形或圆形。
  2. 嫩枝无毛；子房无毛……………………………………………………………**亮叶杨桐** *A. nitida*
  2. 嫩枝有毛；子房有毛。
    3. 花柱无毛……………………………………………………**尖叶川杨桐** *A. bockiana* var. *acutifolia*
    3. 花柱有毛……………………………………………………………………**两广杨桐** *A. glischroloma*

尖叶川杨桐

Adinandra bockiana var. *acutifolia*（Hand.-Mazz.）Kobuski

灌木或小乔木。顶芽被灰褐色平伏短柔毛；一年生新枝通常疏被灰褐色平伏短柔毛或几无毛。叶互生；叶片基部楔形，边缘全缘，干后多少反卷，腹面亮绿色，无毛，背面初时仅疏被平伏短柔毛，后变近无毛。花单朵腋生；花梗密被黄褐色柔毛；小苞片2枚，密被柔毛；花瓣5片，先端有小尖头；花柱无毛。果圆球形，疏被绢毛，熟时紫黑色。花期6～8月，果期9～11月。

生于山坡路边灌木丛中或山地疏林或密林中；少见。 全草入药，具有祛风解毒、解表、散寒理气的功效。

两广杨桐

Adinandra glischroloma Hand.-Mazz.

灌木或小乔木。嫩枝密被黄褐色粗毛。叶互生；叶片革质，长圆形至椭圆形，先端渐尖，基部楔形，腹面无毛，背面密被锈褐色长刚毛，沿中脉和叶缘尤密。萼片5枚，阔卵形；花瓣5片，长圆形或卵状长圆形；雄蕊约25枚；花柱有毛；子房卵形，密被长刚毛。果球形，熟时黑色。花期5～6月，果期9～10月。

生于山坡路边灌木丛中或山地疏林或密林中；少见。

山茶属 *Camellia* L.

本属约有120种，分布于中国、不丹、柬埔寨、印度东北部、日本南部、韩国、老挝、马来西亚、缅甸、尼泊尔、菲律宾、泰国和越南。我国有97种；广西有78种；姑婆山有7种2变种，其中1种为栽培种。

分种检索表

1. 花较小，直径小于3 cm。
  2. 果较大，直径2～5 cm。
    3. 子房有毛。
      4. 花直径3～4 cm；萼片长4～5 mm……………………………………………………**茶** *C. sinensis*
      4. 花直径1.5～2.5 cm；萼片长3～3.5 mm……………………**白毛茶** *C. sinensis* var. *pubilimba*
    3. 子房无毛。
      5. 叶片椭圆形；果皮厚约0.7 cm………………………………………………**秃房茶** *C. gymnogyna*
      5. 叶片长圆形；果皮厚约1.5 cm…………………………………………………**突肋茶** *C. costata*
  2. 果较小，直径不达1.5 cm。
    6. 外轮花丝下部联生成管状；花药背着生；蒴果无毛…………………………**贵州连蕊茶** *C. costei*
    6. 花丝联生；花药基部着生；蒴果被毛…………………………………**心叶毛蕊茶** *C. cordifolia*
1. 花较大，直径3.5～10 cm…………………………………**大果南山茶** *C. semiserrata* var. *magnocarpa*

心叶毛蕊茶

Camellia cordifolia（F. P. Metcalf）Nakai

灌木。嫩枝有绒毛。叶片披针形至卵形。花白色，有短梗；萼片5枚，卵圆形；花瓣基部连生；雄蕊稍伸出花冠外；花丝管被柔毛，游离花丝有毛；子房被绒毛，3室；花柱约与雄蕊等长，顶端3浅裂。蒴果球形，被绒毛，1～3室，有种子1粒。

生于山坡密林中或林缘路旁；常见。根、花入药，具有收敛、凉血、止血的功效。

贵州连蕊茶

Camellia costei H. Lév.

灌木或小乔木。嫩枝有短柔毛。叶片椭圆形，先端渐尖或长尾状，基部阔楔形，背面初时有长毛，以后变秃。花白色，顶生或腋生，大小不一；萼片先端有毛；花瓣基部连生；雄蕊有短花丝管，无毛；子房无毛，花柱顶端3浅裂。蒴果球形，1室，有种子1粒。花期1～2月。

生于沟谷疏林中；常见。　全株入药，具有健脾消食、滋补强壮的功效。

秃房茶

Camellia gymnogyna Hung T. Chang

灌木。嫩枝无毛。叶片椭圆形，先端急尖，基部阔楔形，边缘有疏齿，齿刻相隔3～5 mm，无毛，侧脉8～9对，在两面均隐约可见；叶柄无毛。花2朵腋生；苞片2枚，早落；萼片5枚，无毛；花瓣7片，基部连生；雄蕊离生；子房3室，无毛，花柱顶端3裂。蒴果3室，3爿裂，每室有种子1粒。花期12月。

生于山坡疏林或密林下；少见。　国家二级重点保护野生植物；种子入药，可用于痄腮。

红淡比属 *Cleyera* Thunb.

本属有24种，分布于中国、日本、朝鲜半岛、缅甸、尼泊尔、越南北部及印度北部，美洲热带地区也有分布。我国有9种；广西有6种；姑婆山有1种。

红淡比

Cleyera japonica Thunb.

灌木或小乔木。叶片革质，长圆形至倒卵形，先端略尖，基部楔形，边缘全缘，干后腹面绿色，不发亮，背面无毛，侧脉在腹背两面均不明显。花1朵至数朵腋生，无毛；萼片卵形，先端钝或圆；花瓣白色；花丝短，花药有长丝毛；子房无毛。浆果球形。花期5～6月，果期10～11月。

生于山坡疏林或密林中；少见。 花入药，具有凉血、止血、消肿的功效。

柃木属 *Eurya* Thunb.

本属约有130种，分布于中国、不丹、柬埔寨、印度尼西亚、日本、老挝、马来西亚、缅甸、尼泊尔、菲律宾、斯里兰卡、泰国、越南及印度东北部、太平洋岛屿、朝鲜半岛。我国有83种；广西有39种；姑婆山有14种1变种。

分种检索表

1. 嫩枝圆柱状。
  2. 嫩枝具开展长柔毛。
    3. 果无毛……………………………………………………………………岗柃 *E. groffii*
    3. 果密被长柔毛。
      4. 萼片圆形，膜质，先端圆，外面被短柔毛；叶基部楔形………贵州毛柃 *E. kueichowensis*
      4. 萼片卵形，革质，先端尖，外面被长柔毛；叶基部阔楔形或圆形……长毛柃 *E. patentipila*
  2. 嫩枝被短柔毛、微毛或无毛。
    5. 嫩枝及顶芽无毛………………………………………………………黑柃 *E. macartneyi*
    5. 嫩枝被短柔毛或微毛。
      6. 侧脉明显，与中脉及网脉在叶片腹面显著下陷…………………半齿柃 *E. semiserrulata*
      6. 侧脉不明显，仅中脉稍凹陷。
        7. 子房被柔毛。
          8. 花柱4～5裂…………………………………………………大果毛柃 *E. megatrichocarpa*
          8. 花柱3深裂或浅裂。
            9. 花药无分格………………………………………………尖叶毛柃 *E. acuminatissima*
            9. 花药具分格。
              10. 花萼卵形，无毛，边缘无纤毛；果常为卵状椭圆形………………………………………………………………………………尖萼毛柃 *E. acutisepala*
              10. 花萼圆形，外面有短柔毛，边缘有纤毛；果圆球形………………………………………………………………………………毛果柃 *E. trichocarpa*
        7. 子房无毛；花药无分格。
          11. 花萼革质或近革质，花柱长1～3 cm…………………………细枝柃 *E. loquaiana*
          11. 花萼近膜质，花柱长不及1 mm……………………………微毛柃 *E. hebeclados*
1. 嫩枝具棱。
  12. 侧脉在叶腹面凹陷………………………………………………………窄叶柃 *E. stenophylla*
  12. 侧脉在叶腹面不凹陷。
    13. 嫩枝具4棱………………………………………………………………四角柃 *E. tetragonoclada*
    13. 嫩枝具2棱。
      14. 萼片革质；叶片长圆状披针形，长6～8 cm，边缘具细齿………………………………………………………………………窄基红褐柃 *E. rubiginosa* var. *attenuata*
      14. 萼片膜质；叶片长圆形或倒卵状椭圆形，长4～6 cm，边缘具疏钝齿………………………………………………………………………………细齿叶柃 *E. nitida*

尖叶毛柃

Eurya acuminatissima Merr. et Chun

灌木或小乔木。嫩枝初时疏被贴伏短柔毛。叶片卵状椭圆形，先端尾状长渐尖，基部楔形。花1～3朵腋生；雄花小苞片2枚，圆形，萼片5枚，圆形或近圆形，花瓣5片，白色，长圆形，雄蕊14～16枚；雌花萼片5枚，圆形或近于卵圆形，花瓣5片，长圆状披针形，子房密被柔毛。果实椭圆状卵形或圆球形。花期9～11月，果期翌年7～8月。

生于山坡密林下、路边；常见。

尖萼毛柃

Eurya acutisepala Hu et L. K. Ling

灌木或小乔木。当年生枝黄褐色，密被短柔毛。叶片薄革质，长圆形或窄椭圆形，先端尾尖，基部楔形，背面疏被短柔毛，边缘具细齿，齿尖具腺点。花2～3朵腋生，花梗长1.5～2.5 mm，疏被短柔毛。果卵状椭圆形，熟时紫黑色，疏被柔毛。花期10～11月，果期翌年6～8月。

生于山坡疏林或密林下；常见。　叶、果实入药，具有祛风除湿、活血祛瘀的功效。

岗柃

Eurya groffii Merr.

灌木或小乔木。嫩枝圆柱形，密被黄褐色披散柔毛。叶片卵状披针形或披针形，先端渐尖，基部钝，腹面无毛，背面密被贴伏短柔毛，侧脉10～14对；叶柄极短，密被柔毛。花1～9朵簇生于叶腋；花梗和萼片均被柔毛；花柱几3全裂。果圆球形，熟时黑色。花期9～11月，果期翌年4～6月。

生于山坡、山谷疏林和密林中或林缘路边；常见。 根、叶入药，具有消肿止痛、镇咳祛痰的功效。

微毛柃

Eurya hebeclados L. K. Ling

灌木或小乔木。嫩枝圆柱形，密被灰色微毛；小枝无毛或几无毛。叶片革质，长圆状椭圆形、椭圆形或长圆状倒卵形，先端急窄缩呈短尖，尖头钝，基部楔形，边缘除先端和基部外均有浅细齿，齿端紫黑色，两面无毛，侧脉在离叶缘处弧曲且联结。花4～7朵簇生于叶腋；花梗长约1 mm，被微毛。果实圆球形，熟时蓝黑色；宿存萼片几无毛，边缘有纤毛。花期12月至翌年1月，果期8～10月。

生于密林中；少见。 全株入药，具有祛风、消肿、解毒、止血等功效。

贵州毛柃

Eurya kueichowensis Hu et L. K. Ling ex P. T. Li

灌木或小乔木。嫩枝密被黄褐色披散柔毛，小枝几无毛或无毛。叶片革质或坚革质，长圆状披针形或长圆形，通常中部以上较宽，先端渐尖至尾状渐尖，尾长1～1.5 cm，边缘除基部外密生细齿，齿尖有黑色小尖头，腹面无毛，背面淡黄绿色，疏被贴伏短柔毛；叶柄被短柔毛。花1～3朵腋生；子房卵形，3室，被柔毛，花柱顶端3裂。果卵状椭圆形，疏被柔毛。花期9～10月，果期翌年4～7月。

生于山坡、山顶疏林或林缘；常见。 枝、叶入药，具有清热解毒、消肿止血、祛风除湿的功效。

细枝柃

Eurya loquaiana Dunn

灌木或小乔木。嫩枝密被微毛；小枝无毛或几无毛。叶片薄革质，窄椭圆形或长圆状窄椭圆形，有时为卵状披针形，先端长渐尖，腹面有光泽，无毛，背面除沿中脉被微毛外，其余无毛；叶柄长3～4 mm，被微毛。花1～4朵簇生于叶腋；花梗长2～3 mm，被微毛。果圆形，熟时黑色。种子肾形，表面具细蜂窝状网纹。花期10～12月，果期翌年7～9月。

生于路边、山坡密林中；少见。　茎叶入药，具有祛风通络、活血止痛的功效。

黑柃

Eurya macartneyi Champ.

灌木或小乔木。嫩枝及顶芽无毛。叶片革质，长圆状椭圆形或椭圆形，先端短渐尖，基部近钝形或阔楔形。花1～4朵簇生叶腋；雄花小苞片2枚，萼片5枚，革质，圆形，先端圆，有腺状小突尖或微凹，花瓣5片，长圆状倒卵形，雄蕊17～24枚；雌花小苞片与雄花相同，萼片5枚，卵形或卵圆形，花瓣5片，倒卵状披针形。果球形。花期11月至翌年1月。

生于路边、山坡密林中；常见。 茎、叶入药，具有清热解毒的功效。

大果毛柃

Eurya megatrichocarpa Hung T. Chang

灌木或小乔木。嫩枝无毛；顶芽被短柔毛。叶片薄革质，长圆形或长圆状椭圆形，边缘密生细齿。花常2～5朵簇生叶腋；雄花萼片5枚，近圆形，外面疏被短柔毛，花瓣5片，卵形，雄蕊约16枚；雌花萼片数量与雄花相同，但较小，花瓣5片，长圆形，子房圆球形。果熟时暗紫色，疏被柔毛。花期11～12月，果期翌年7～8月。

生于山坡疏林或密林中；少见。

长毛柃

Eurya patentipila Chun

灌木。嫩枝密被黄褐色柔毛；小枝无毛或近无毛；顶芽锥形，密被柔毛。叶片革质，长圆状披针形或卵状披针形，先端长渐尖，边缘有细齿，腹面无毛，背面被贴伏柔毛，侧脉约20对；叶柄长约2 mm，密被柔毛。花1～3朵腋生；子房卵球形，密被柔毛，花柱顶端3裂，偶4裂。浆果圆球形，密被长柔毛，熟时紫黑色。种子具网纹。花期10～12月，果期翌年6～7月。

生于山坡疏林中；常见。　叶入药，具有清热解毒、消肿止痛的功效。

窄基红褐柃

Eurya rubiginosa var. *attenuata* Hung T. Chang

灌木。全株除萼片外均无毛。嫩枝具2棱，无毛。叶片革质，较窄，基部楔形，边缘密生细齿，两面无毛，侧脉13～15条，斜出；叶柄明显。花1～3朵簇生于叶腋；花梗无毛；萼片无毛；子房卵圆形，3室，无毛，花柱顶端3裂。果圆球形或近卵圆形，熟时紫黑色。花期10～11月，果期翌年5～8月。

生于山坡、山谷疏林或密林中；常见。　叶、果实入药，具有祛风除湿、消肿止血的功效。

半齿柃

Eurya semiserrulata Hung T. Chang

灌木或小乔木。嫩枝圆柱形，被短柔毛。叶片革质，矩圆形或倒披针形，先端急尖，基部楔形，边缘上半部有细齿，背面中脉有长毛；叶柄长2～3 mm，被短柔毛。花白色，1～3朵腋生；雄花萼片边缘有微毛，花瓣基部合生，花柱顶端3浅裂。果圆球形，熟时蓝黑色。花期10～11月，果期翌年6～7月。

生于山坡密林中或林缘；常见。 果实含淀粉，可酿酒。

窄叶柃

Eurya stenophylla Merr.

嫩枝具2棱，无毛。叶片薄革质，披针形或狭披针形，先端渐尖，基部阔楔形，边缘有钝齿。雄花1～3朵腋生，萼片近圆形，花瓣倒卵形，雄蕊14～16（20）枚；雌花1～3朵腋生，萼片卵形，花瓣卵形，子房卵形，无毛，花柱顶端3浅裂。果椭圆状卵形。花期10～12月，果期翌年7～8月。

生于山坡路边、沟谷；常见。 根、枝、叶入药，具有清热、补虚的功效。

四角柃

Eurya tetragonoclada Merr. et Chun

灌木或乔木。全株无毛。嫩枝和小枝具明显4棱。叶片革质，长圆形、长圆状椭圆形或长圆状披针形至长圆状倒披针形，先端渐尖，基部楔形，边缘有细齿，两面无毛，中脉在腹面凹下，在背面突起，侧脉8～10对。花通常1～3朵簇生于叶腋；花梗无毛；花瓣5片；子房卵圆形，无毛，花柱顶端3裂。果圆球形，熟时紫黑色。种子肾圆形。花期11～12月，果期翌年5～8月。

生于山坡疏林或林缘路边；少见。　根入药，具有消肿止痛的功效。

核果茶属 *Pyrenaria* Blume

本属有26种，分布于中国及东南亚热带地区。我国有13种；广西有8种；姑婆山有2种。

分种检索表

1. 嫩枝有褐色粗毛；蒴果纺锤形，直径1.5～1.8 cm……………………………粗毛核果茶 *P. hirta*

1. 嫩枝无毛；蒴果近圆形，直径2～2.5 cm……………………………………大果核果茶 *P. spectabilis*

大果核果茶 短果石笔木

Pyrenaria spectabilis（Champ.）C. Y. Wu et S. X. Yang ex S. X. Yang

乔木。树皮平滑，褐色；嫩枝无毛。叶片薄革质，椭圆形，先端渐尖，基部楔形，干后黄绿色，两面均无毛。花单生于枝顶叶腋，白色；苞片2枚，阔卵形；萼片10枚，圆形；花瓣5片，倒卵圆形；雄蕊无毛，子房有毛，3～4室，花柱无毛。蒴果近圆形，3～4爿裂，被褐色毛，每室有种子2～3粒。花期8～9月。

生于山坡疏林中或林缘路边；常见。

木荷属 *Schima* Reinw. ex Blume

本属约有20种，分布于中国、不丹、柬埔寨、印度尼西亚、日本、老挝、马来西亚、缅甸、尼泊尔、泰国、越南及印度东北部。我国有13种；广西有8种；姑婆山有2种。

分种检索表

1. 叶片边缘全缘，背面银灰色……………………………………………………………银木荷 *S. argentea*
1. 叶片边缘有齿，背面绿色…………………………………………………………………木荷 *S. superba*

银木荷

Schima argentea E. Pritz.

乔木。嫩枝被柔毛，老枝有白色皮孔。叶片厚革质，长圆形或长圆状披针形，先端尖锐，基部楔形，干后腹面浅绿色，稍发亮，背面有银灰色腊被，初时被柔毛，后变无毛。花数朵生于枝顶及叶腋；花梗被毛；苞片2枚，卵形，被毛，萼片圆形，外面被绢毛；花瓣最外1片较短，外面被绢毛；雄蕊子房被毛。蒴果。花期7～8月，果期12月。

生于山坡密林中或林缘；少见。　茎皮和根皮入药，具有清热止痢、驱虫的功效。

木荷

Schima superba Gardn. et Champ.

大乔木。嫩枝通常无毛，但幼苗被柔毛。叶片革质或薄革质，椭圆形，先端尖锐，有时稍钝，基部楔形，干后腹面发亮，背面无毛。花生于枝顶叶腋，常多朵排成总状花序状，白色；花梗纤细，无毛；苞片2枚，贴近萼片，早落；萼片半圆形，外面无毛，内面被绢毛；花瓣最外1片风帽状，边缘多少具毛；子房被毛。蒴果。花期6～8月，果期10～12月。

生于山坡、沟谷密林中；常见。　根皮有毒，入药具有清热解毒、利水消肿、催吐的功效，外敷用于疔疮、无名肿毒；叶入药，外用治疗烂腿、疮毒。

厚皮香属 *Ternstroemia* Mutis ex L. f.

本属约有90种，分布于亚洲、非洲和南美洲。我国约有13种；广西有10种；姑婆山有2种。

分种检索表

1. 叶片边缘全缘；萼片先端锐尖，有小尖头……………………………………尖萼厚皮香 *T. luteoflora*
1. 叶片边缘上半部通常疏生细钝齿；萼片先端通常圆形…………………小叶厚皮香 *T. microphylla*

尖萼厚皮香

Ternstroemia luteoflora L. K. Ling

灌木。叶片聚生于枝顶，革质，椭圆形或长圆形，先端渐尖或急尖，基部楔形，干后腹面略有光泽，背面浅绿色，无毛。花腋生；萼片长卵形，先端尖锐；子房无毛。果圆球形。花期5～6月，果期8～10月。

生于路边、沟谷林下；少见。叶和根入药，具有清热解毒、消肿止痛、止泻的功效。

猕猴桃科 Actinidiaceae

本科有3属357种，分布于亚洲和美洲。我国有3属66种；广西有2属36种；姑婆山有2属8种2变种。

分属检索表

1. 木质藤本；雌雄异株或同株……………………………………………………………………猕猴桃属 *Actinidia*
1. 灌木或乔木；雌雄异株…………………………………………………………………………水东哥属 *Saurauia*

猕猴桃属 *Actinidia* Lindl.

本属约有55种，分布于亚洲东部和南部。我国有52种；广西有35种；姑婆山有7种2变种。

分种检索表

1. 植株无毛或疏被毛。
  2. 叶片背面非粉绿色。
    3. 叶干后两面同色，背面脉腋具髯毛……………………………京梨猕猴桃 *A. callosa* var. *henryi*
    3. 叶干后两面异色，背面脉腋无髯毛…………………………异色猕猴桃 *A. callosa* var. *discolor*
  2. 叶片背面粉绿色………………………………………………………………金花猕猴桃 *A. chrysantha*
1. 植株毛发达，至少小枝密被毛。
  4. 植株的毛为不分支的硬毛。
    5. 叶片长条形或条状披针形，基部耳形，背面被极少量长柔毛……………………………
    ………………………………………………………………………………………条叶猕猴桃 *A. fortunatii*
    5. 叶片长方椭圆形或长方倒卵形，基部浅心形，背面密被糙伏毛…………………………
    ………………………………………………………………………………………美丽猕猴桃 *A. melliana*
  4. 植株被柔毛、绒毛或绵毛，叶片背面被星状毛。
    6. 叶片腹面被糙伏毛或刚伏毛，至少中脉和侧脉上被刚毛或糙伏毛………………………
    ………………………………………………………………………………………黄毛猕猴桃 *A. fulvicoma*
    6. 叶片仅背面被毛，或幼时腹面被毛后脱落。
      7. 花序为三回至四回分歧的大型聚伞花序，有花10朵以上……阔叶猕猴桃 *A. latifolia*
      7. 花序一回分歧，有花1～3朵。
        8. 植株被浮白色毛或淡污黄色…………………………………………毛花猕猴桃 *A. eriantha*
        8. 植株被黄褐色毛……………………………………………………两广猕猴桃 *A. liangguangensis*

异色猕猴桃

Actinidia callosa var. *discolor* C. F. Liang

大型落叶藤本。小枝干后灰黄色，洁净无毛。叶片坚纸质，干后腹面褐黑色，背面灰黄色，椭圆形、矩状椭圆形至倒卵形，先端急尖，基部阔楔形或钝形，边缘有粗钝齿或波状齿，通常上部的齿更粗大，两面洁净无毛，脉腋也无髯毛；叶柄长2～3 cm，无毛。花序有花1～3朵，通常花单生；花序和萼片两面均无毛。果较小，卵珠形或近球形，长1.5～2 cm。花期4～6月，果期9～10月。

生于山坡、沟谷疏林中；常见。 果可食用；茎、叶、果实入药，具有利尿通淋、祛风除湿、止痢的功效。

京梨猕猴桃

Actinidia callosa var. *henryi* Maxim.

大型落叶藤本。小枝干后土黄色，洁净无毛。叶片卵形、卵状椭圆形至倒卵形，长8～10 cm，宽4～5.5 cm，边缘齿细小，背面脉腋具髯毛。花序有花1～3朵，通常花单生；花白色；萼片5枚；花瓣5片，倒卵形。浆果乳头状至长圆柱形，长可达5 cm。花期4～6月，果期9～10月。

生于沟谷林下；少见。　果可食用；根皮入药，具有清热、消肿的功效。

金花猕猴桃

Actinidia chrysantha C. F. Liang

大型落叶藤本。叶片软纸质，阔卵形或卵形至披针状长卵形，基部略呈下延状的浅心形或截平形，或为阔楔形，边缘有比较明显的圆齿，腹面洁净无毛，背面粉绿色；叶柄水红色，长2.5～5 cm，无毛。花序具1～3朵花，被茶褐色短绒毛；花金黄色；萼片两面均疏被茶褐色粉末状绒毛；子房柱状圆球形，密被茶褐色绒毛。果熟时栗褐色或绿褐色，秃净，具枯黄色斑点。花期5月中旬，果期11月。

生于山坡、路边；少见。　国家二级重点保护野生植物；果可食用，入药具有滋补强壮的功效；根入药，具有清热利湿的功效。

毛花猕猴桃
Actinidia eriantha Benth.

大型落叶藤本。小枝、叶柄、花序和萼片密被乳白色或淡污黄色直展的绒毛或交织压紧的绵毛；髓白色，片层状。叶片软纸质。聚伞花序具1～3朵花，被较蓬松的毛被；花瓣先端和边缘橙黄色，中央和基部桃红色。果柱状卵形。花期5～6月，果期11月。

生于山坡、山谷疏林中或林缘路边；常见。　果可食用；根、根皮、叶入药，具有抗癌、活血利湿、消肿清热、解毒等功效；根可用于胃癌、乳腺癌、食管癌、腹股沟淋巴结炎、疮疖、皮炎；根皮可用于跌打损伤；叶可外用于乳痈。

条叶猕猴桃

Actinidia fortunatii Finet et Gagnep.

小型落叶或半落叶藤本。全体无毛或仅子房被毛。叶片条状披针形或长条形，基部耳形，边缘齿细小，背面被白粉或苍绿色。花序一般有花3朵；花淡红色。果灰绿色，圆柱形，长15～18 mm。花期4～5月底，果期11月。

生于山坡密林中或林缘；少见。 国家二级重点保护野生植物；果可食用；根入药，可用于跌打损伤。

黄毛猕猴桃
Actinidia fulvicoma Hance

大型落叶藤本。枝髓白色，片层状或中空或实心。叶片坚纸质，边缘具疏生的突尖状硬头小齿。花序为三歧至四歧多花的大型聚伞花序；萼片5枚，瓢状卵形；花瓣5～8片，前半部及边缘部分白色，下半部的中央部分橙黄色。果暗绿色，具斑点。花期5～6月，果期11月。

生于路边、山坡密林下；常见。果可食用；根、叶、果实入药，具有清热止渴、除烦下气、和中、利尿的功效。

阔叶猕猴桃

Actinidia latifolia（Gardn. et Champ.）Merr.

大型落叶藤本。叶片坚纸质，通常为阔卵形，有时近圆形或长卵形，先端短尖至渐尖，基部浑圆、浅心形、截平形或阔楔形，边缘具疏生的突尖状硬头小齿，腹面无毛，有光泽，背面密被灰色至黄褐色的紧密星状绒毛或疏松的较长星状绒毛。花序为三歧至四歧多花的大型聚伞花序；花有香气；萼片5枚，淡绿色，花开放时反折，两面均被污黄色短绒毛。果圆柱形或卵状圆柱形，具斑点，无毛或仅在两端残存少量绒毛。花期5～6月，果期10～11月。

生于林缘路边、沟谷；常见。 茎、叶入药，有清热解毒、除湿、消肿止痛的功效；果实可食用，也可入药用于尿结石。

两广猕猴桃
Actinidia liangguangensis C. F. Liang

大型常绿藤本。着花小枝长短悬殊。叶片软革质，卵形或长圆形，先端急尖或尾状急渐尖，基部钝圆形或浅心形，边缘具硬尖小齿，腹面净滑无毛，背面密被淡黄褐色压紧的星状绒毛，侧脉8～9对，横脉较纤细，常分叉；叶柄薄被茶褐色绒毛，长2～7 cm。聚伞花序具1～3朵花；花白色；萼片5枚，外面密被绒毛，内面无毛。果幼时圆柱形，密被黄褐色绒毛。花期4～5月，果期11月。

生于山坡密林或林缘灌木丛中；少见。　果可食用；根、全株入药，具有利尿、清热、舒筋活络的功效。

美丽猕猴桃

Actinidia melliana Hand.-Mazz.

中型半常绿藤本。枝、叶、花序等均密被红褐色长硬毛，皮孔显著。叶片膜质至坚纸质，长方椭圆形或长方倒卵形，基部浅心形，背面灰白色。聚伞花序腋生；花白色。果熟时秃净，圆柱形，长16～22 mm，表面具显著的疣状斑点。花期5～6月。

生于路边、山坡密林中；少见。　果可食用；根入药，具有止血、消炎、祛风除湿、解毒接骨的功效。

水东哥属 *Saurauia* Willd.

本属约有300种，分布于亚洲热带亚热带地区及美洲。我国有13种；广西有5种；姑婆山有1种。

聚锥水东哥
Saurauia thyrsiflora C. F. Liang et Y. S. Wang

小乔木。小枝被秕糠状绒毛和钻状鳞片。侧脉每边12～15条。幼叶两面有稀疏的褐色短绒毛；老叶腹面中脉、侧脉至侧脉间疏被偃伏短刺毛，背面仅中脉、侧脉上疏生短柔毛和贴伏刺毛。花序聚伞式组成圆锥形大花序，长8～12 cm；花淡红色，直径8～10 mm。果绿色，近球形，有不明显的5棱。花果期5～12月。

生于林缘路边灌木丛中；少见。　叶可作牲畜饲料，入药可用于烧烫伤；果有甜味，可食；根入药，可用于小儿麻疹。

桃金娘科 Myrtaceae

本科有约130属4500～5000种，主要分布于美洲热带、大洋洲和亚洲热带亚热带地区。我国有10属121种；广西有10属68种；姑婆山有2属3种，其中1属1种为栽培种。

蒲桃属 *Syzygium* R. Br. ex Gaertn.

本属有约1200种，主要分布于亚洲热带地区，少数分布于大洋洲和非洲。我国约有80种；广西有33种；姑婆山有2种。

分种检索表

1. 3叶轮生……………………………………………………轮叶赤楠 *S. buxifolium* var. *verticillatum*
1. 叶对生………………………………………………………………………………赤楠 *S. buxifolium*

赤楠

Syzygium buxifolium Hook. et Arn.

灌木或小乔木。嫩枝有棱，干后黑褐色。叶片革质，阔椭圆形至椭圆形，有时阔倒卵形，干后腹面暗褐色，无光泽，背面稍浅色，有腺点，侧脉多而密，离边缘1～1.5 mm处结合成边脉。聚伞花序顶生，有花数朵；花瓣4片，分离。浆果球形，直径5～7 mm。花期6～8月。

生于林缘灌木丛中；常见。 可用作景观绿化树种；根或根皮入药，具有清热解毒、利尿平喘的功效；叶入药，可用于瘰疽、疔疮、漆疮、烧烫伤等。

轮叶赤楠

Syzygium buxifolium var. *verticillatum* C. Chen

灌木或小乔木。嫩枝有4棱或6棱，干后黑褐色。3叶轮生，稀对生；叶片革质，阔椭圆形至椭圆形，有时阔倒卵形，腹面干后暗褐色，无光泽，背面稍浅色，有腺点，侧脉多而密，离边缘1～1.5 mm处结合成边脉。聚伞花序顶生，有花数朵；花瓣4片，分离。果实球形，直径5～7 mm。花期6～8月。

生于山坡疏林中或林缘路边；少见。可用作景观绿化树种。

野牡丹科 Melastomataceae

本科有156～166属约4500多种，分布于热带亚热带地区。我国有21属114种；广西有17属79种；姑婆山有8属15种。

分属检索表

1. 种子马蹄形；花常5数；花萼及果无明显的棱。
  2. 雄蕊同形，等长……………………………………………………………………金锦香属 *Osbeckia*
  2. 雄蕊异形，不等长…………………………………………………………………野牡丹属 *Melastoma*
1. 种子不弯曲；花常4数；花萼及果常有棱，若无棱则为浆果。
  3. 宿存萼通常较果长，近顶端处常缢缩……………………………………………柏拉木属 *Blastus*
  3. 宿存萼与果近等长，近顶端处不缢缩。
    4. 花瓣3数；雄蕊3枚………………………………………………………………蜂斗草属 *Sonerila*
    4. 花瓣4数；雄蕊8枚。
      5. 雄蕊同形，等长。
        6. 花药短，长约1 mm…………………………………………………………肉穗草属 *Sarcopyramis*
        6. 花药长，长4 mm以上………………………………………………………锦香草属 *Phyllagathis*
      5. 雄蕊异形，不等长。
        7. 长雄蕊的花药药隔膨大且基部下延成短柄………………………………野海棠属 *Bredia*
        7. 长雄蕊的花药药隔不膨大且不下延或微隆起成不明显的柄…………………………………………………………………………………………异药花属 *Fordiophyton*

柏拉木属 *Blastus* Lour.

本属有12种，分布于中国、柬埔寨、印度尼西亚、老挝、缅甸、泰国、越南、印度东部及琉球群岛。我国有9种；广西有7种；姑婆山有2种。

分种检索表

1. 伞状聚伞花序，腋生；花序梗长约0.2 cm至几无；花冠通常白色………柏拉木 *B. cochinchinensis*
1. 花序圆锥状，顶生；花序梗长4 cm以上；花冠粉红色至紫色……………少花柏拉木 *B. pauciflorus*

异药花属 *Fordiophyton* Stapf

本属有9种，分布于中国和越南。我国有9种；广西有5种；姑婆山有2种。

分种检索表

1. 植株直立，高大，高30 cm以上……………………………………………………………异药花 *F. faberi*
1. 植株匍匐，高不过30 cm……………………………………………………短葶无距花 *F. breviscapum*

短葶无距花 短莛无距花

Fordiophyton breviscapum（C. Chen）Y. F. Deng et T. L. Wu

草本，高13～21 cm。茎四棱形，棱上具狭翅，翅缘具疏腺毛或刺毛，其余无毛，无分枝；节上具长柔毛。叶片纸质，卵形至近披针形，三出脉，边缘具齿，叶面被糙伏毛；叶柄两侧具狭翅。聚伞花序顶生；花瓣粉红色，长圆形，先端急尖，具1个腺毛尖头，略偏斜。蒴果漏斗形，具4棱，顶端平截，4裂；宿存萼与果贴生，具8条脉。花期约8月，果期9～10月。

生于路边、山坡林中；常见。

异药花

Fordiophyton faberi Stapf

草本或半灌木，高30～60（100）cm。茎四棱形，常具槽；棱上常具狭翅，无毛；通常不分枝。叶片膜质，通常在同一节上的1对叶大小差别较大，广披针形至卵形或椭圆形，先端渐尖，基部浅心形至圆形。聚伞花序组成圆锥花序，顶生；花瓣白色带红色、淡红色、红色或紫红色，倒卵状长圆形，先端圆形，具1个腺毛状小尖头。蒴果倒圆锥形，具4棱。花期6～9月，果期8～11月。

生于山坡、林缘路边；常见。　全株入药，具有清热利湿、祛瘀消肿的功效。

野牡丹属 *Melastoma* L.

本属有22种，分布于亚洲东南部地区和大洋洲。我国有7种；广西有6种；姑婆山有2种。

分种检索表

1. 茎匍匐上升，常逐节生根；叶片较小，宽2 cm以下……………………………地菍 *M. dodecandrum*
1. 茎直立；叶片较大，宽2 cm以上……………………………………………………野牡丹 *M. malabathricum*

地菍 地茶、铺地锦、地枇杷
Melastoma dodecandrum Lour.

小灌木，高10～30 cm。茎匍匐上升，逐节生根；分枝多，披散。叶对生；叶片坚纸质，卵形或椭圆形，基出脉3～5条。聚伞花序顶生；花淡紫红色，菱状倒卵形，上部略偏斜，先端有1束刺毛。蒴果坛状球形，平截，近顶端略缢缩，肉质，熟时紫黑色。花期5～7月，果期7～9月。

生于山坡、路边；常见。　全株入药，具有涩肠止痢、清热解毒、舒筋活血、补血安胎的功效。

野牡丹 爆牙狼、棯坭木

Melastoma malabathricum L.

灌木。茎钝四棱形或近圆柱形，密被紧贴的鳞片状糙伏毛。叶片坚纸质，卵形或广卵形，先端急尖，基部浅心形或近圆形。伞房花序生于分枝顶端，近头状，有花3～5朵；花稀单生；花瓣玫红色或粉红色。蒴果坛状球形，与宿存萼贴生。花期5～7月，果期10～12月。

生于山坡、路边；常见。　根、叶入药，具有清热利湿、消肿止痛、散瘀止血，叶可外用于跌打损伤、外伤出血。

金锦香属 *Osbeckia* L.

本属约有50种，分布于东半球热带亚热带至非洲热带地区。我国有5种；广西5种均产；姑婆山有2种。

分种检索表

1. 花萼被刺毛状突起；叶片通常线形或线状披针形……………………………金锦香 *O. chinensis*
1. 花萼被多轮刺毛状的具柄星状毛；叶片通常卵形至卵状披针形…………… 星毛金锦香 *O. stellata*

金锦香 天香炉、金香炉
Osbeckia chinensis L.

直立草本或半灌木，高20～60 cm。茎四棱形，被紧贴的糙伏毛。叶片坚纸质，线形或线状披针形，边缘全缘，两面被糙伏毛。头状花序顶生，有花2～8（10）朵，无花序梗；花瓣4片，淡紫红色或粉红色，倒卵形。蒴果紫红色，卵状球形，4纵裂。花期7～9月，果期9～11月。

生于山坡疏林下或林缘次生灌木丛中；常见。 全草入药，具有清热利湿、消肿解毒、止咳化痰的功效。

星毛金锦香 抗劳草、公石榴

Osbeckia stellata Buch. -Ham. ex D. Don

灌木，高0.3～1.2 m。茎四棱形或稀六棱形，被糙伏毛。叶对生或有时3片轮生；叶片卵形至卵状披针形，两面除被糙伏毛外尚密被微柔毛及透明腺点，基出脉5条。圆锥花序顶生；花深红色至紫色。蒴果长卵形，宿存萼长坛状，被刺毛。花果期7～9月。

生于山坡疏林下或林缘次生灌木丛中；常见。 根、果实入药，具有清热利湿、止咳、调经的功效。

锦香草属 *Phyllagathis* Blume

本属有56种，分布于中国南部至马来西亚。我国有24种；广西有18种；姑婆山有2种。

分种检索表

1. 叶柄长6～20 mm，被微柔毛及两侧被髯毛或刺毛……………………………秃柄锦香草 *P. oligotricha*
1. 叶柄长1.5～9 cm，密被长粗毛……………………………………………………………锦香草 *P. cavaleriei*

锦香草 熊巴耳、熊巴掌
Phyllagathis cavaleriei（H. Lév. et Vaniot）Guillaumin

草本，高10～15 cm。茎直立或匍匐，逐节生不定根，近肉质，四棱形，密被长粗毛。叶片广卵形或圆形，两面绿色或有时背面紫红色，腹面疏被糙伏毛状长粗毛。伞形花序顶生；花粉红色至紫色。蒴果杯形，顶端冠4裂；宿存萼具8纵肋，被糠秕。花期6～8月，果期7～9月。

生于山坡林下；常见。 全草入药，具有清凉解毒、清热润肺等功效。

秃柄锦香草

Phyllagathis oligotricha Merr.

小灌木。茎下部常平卧，具匍匐茎，逐节生不定根。同一节上的叶有时其中1片较大；叶片坚纸质或略厚，广卵形至广椭圆形，基部楔形至圆形，边缘全缘或具细齿，基出脉5条，幼时两面被细糠秕，后渐脱落；叶柄长6～20 mm，无毛。聚伞花序或紧缩几呈伞形花序，顶生或3～5个生于植株上部，长2.5～5 cm，无毛；花瓣粉红色至红色。蒴果杯形，顶端平截，钝四棱形，为宿存萼所包裹。花期5～6月，果期8～10月。

生于林缘路边或山坡、沟谷疏林中；常见。 全株入药，具有清热解毒、利湿消肿的功效；根入药，可用于痢疾、内痔、疝气；叶入药，可外用于疮疡溃烂、刀伤。

肉穗草属 *Sarcopyramis* Wall.

本属有3种，分布于中国、缅甸、泰国、不丹、尼泊尔、印度尼西亚、马来西亚、菲律宾及印度东北部。我国有2种；广西2种均产；姑婆山有1种。

楮头红 尼泊尔肉穗草
Sarcopyramis napalensis Wall.

直立草本。茎四棱形，肉质，无毛。叶片膜质，广卵形或卵形，稀近披针形，先端渐尖，基部楔形或近圆形，微下延，边缘具细齿，基出脉3～5条，腹面被疏糙伏毛，背面被微柔毛或几无毛，基出脉、侧脉隆起；叶柄具狭翅。聚伞花序生于分枝顶端，有花1～3朵，基部具2枚叶状苞片；花瓣粉红色。蒴果杯形，具4棱。花期8～10月，果期9～12月。

生于山坡、沟谷疏林或密林中；常见。　全草入药，具有清肺热、祛肝火的功效，可用于风湿痹痛、耳鸣、耳聋及目雾羞明等。

蜂斗草属 *Sonerila* Roxb.

本属约有150种，分布于亚洲热带地区。我国有6种；广西有6种；姑婆山有1种。

直立蜂斗草 三蕊草

Sonerila erecta Jack

草本，高5～15 cm。茎纤细，略四棱形，棱上具狭翅，被平展的腺毛及微柔毛，从上部分枝或从基部分枝。叶片膜质，狭椭圆形至卵形，先端短渐尖，基部楔形。蝎尾状聚伞花序顶生，有花2～5朵；花瓣粉红色、紫红色或浅蓝色，长圆状椭圆形。花期8～10月，果期10～12月。

生于路边、山坡林中；常见。

金丝桃科 Hypericaceae

本科约有8属600种，分布于亚洲热带亚热带和温带地区。我国有4属约70种；广西有4属22种；姑婆山有1属2种。

金丝桃属 *Hypericum* L.

本属约有460种，分布于北半球亚热带和温带地区。我国有64种；广西有19种；姑婆山有2种。

分种检索表

1. 植株较高，高可达100 cm；叶片较大，长4～6 cm……………………衡山遍地金 *H. hengshanense*
1. 植株较矮，最高达45 cm；叶片较小，长0.4～1.5 cm…………………………地耳草 *H. japonicum*

衡山遍地金 衡山金丝桃
Hypericum hengshanense W. T. Wang

植株高达1 m。叶片长圆状披针形或长圆形，长4～6 cm，宽1.2～1.6 cm，先端钝，基部宽楔形，稍斜，沿边缘和基部有具腺长睫毛。花瓣狭长圆形或条状长圆形，长约18 mm，上部边缘有黑色腺点；花柱长于花瓣。蒴果。花期 7～8月。

生于山坡、路边或灌木丛中；常见。 全草入药，具有清热解毒、凉血止血、舒筋活血、利尿消肿的功效。

地耳草 田基黄

Hypericum japonicum Thunb.

一年生小草本。茎常四棱形，直立或外倾或匍地而在基部生不定根，具4条纵线棱，散布淡色腺点。叶小，无柄；叶片卵形或广卵形，具3条主脉，有透明腺点。聚伞花序顶生；花瓣白色、淡黄至橙黄色，无腺点。蒴果长圆形。种子淡黄色，圆柱形。花期3～8月，果期6～10月。

生于田边、沟边、草地及荒地；常见。 全草入药，具有清热解毒、祛风利湿、散瘀消肿、止痛等功效。

藤黄科 Clusiaceae

本科有40属约1200种，主要分布于热带地区。我国有8属95种；广西有1属7种；姑婆山有1属2种。

藤黄属 *Garcinia* L.

本属约有450种，分布于非洲南部、马达加斯加、澳大利亚东北部、波利尼西亚西部以及亚洲、美洲的热带地区。我国有20种；广西有8种；姑婆山有2种。

分种检索表

1. 能育雌蕊的柱头具乳头状瘤突……………………………………………岭南山竹子 *G. oblongifolia*
1. 能育雌蕊的柱头光滑…………………………………………………………………木竹子 *G. multiflora*

木竹子 山枇杷

Garcinia multiflora Champ. ex Benth.

乔木，稀灌木。叶片卵形，基部楔形或宽楔形。花杂性，同株；雄花序成聚伞状圆锥花序；花序梗和花梗具关节；萼片2大2小；花瓣橙黄色；雌花序有雌花1～5朵。果卵圆形至倒卵圆形，熟时黄色，盾状柱头宿存。花期6～8月，果期11～12月，同时偶有花果同期。

生于路边、山坡林下；常见。　树内皮入药，具有清热解毒、消炎止痛、收敛生肌的功效；果实入药，具有生津解暑、解酒毒、止泻的功效。

椴树科 Tiliaceae

本科有52属约500种，主要分布于热带亚热带地区。我国有11属70种；广西有10属36种；姑婆山有2属4种。

分属检索表

1. 蒴果无刺或刺毛……………………………………………………………………黄麻属 *Corchorus*
1. 蒴果具刺或刺毛…………………………………………………………………刺蒴麻属 *Triumfetta*

黄麻属 *Corchorus* L.

本属有40～100种，主要分布于热带地区。我国有4种；广西有3种；姑婆山有1种。

甜麻 假黄麻、针筒草
Corchorus aestuans L.

一年生草本，高约1 m。茎红褐色，稍被淡黄色柔毛。枝细长，披散。叶片卵形或阔卵形。花单独或数朵组成聚伞花序生于叶腋或腋外。蒴果长筒形，长约2.5 cm，直径约5 mm，具6条纵棱，其中3～4条棱呈翅状突起，顶端有3～4个向外延伸的角，角二叉，熟时3～4瓣裂；果瓣有浅横隔。种子多数。花期夏季。

生于山坡、沟谷疏林中；常见。　全草入药，具有清热解毒、祛风除湿、舒筋活络的功效。

刺蒴麻属 *Triumfetta* L.

本属有100～160种，广泛分布于热带亚热带地区。我国有7种；广西有5种；姑婆山有3种。

分种检索表

1. 干果不裂开，针刺长2～4 mm；叶片先端常3裂……………………………………刺蒴麻 *T. rhomboidea*
1. 蒴果裂开，针刺长5～10 mm；叶片不分裂。
  2. 蒴果扁球形；针刺无毛；叶片两面被稀疏长单毛………………………………单毛刺蒴麻 *T. annua*
  2. 蒴果圆球形；针刺有平展的柔毛；叶片背面有绒毛……………………………长勾刺蒴麻 *T. pilosa*

单毛刺蒴麻 小刺蒴麻

Triumfetta annua L.

草本或半灌木。嫩枝被黄褐色绒毛。叶片纸质，卵形或卵状披针形，先端尾状渐尖，基部圆形或微心形，两面有稀疏长单毛，基出脉3～5条，侧脉向上超过叶片中部，边缘有齿；叶柄长1～5 cm，有疏长毛。聚伞花序腋生，花序梗极短；花瓣比萼片稍短，倒披针形。蒴果扁球形，刺长5～7 mm，无毛，顶端弯勾。花期秋季。

生于林缘路边、山坡疏林中；少见。　叶入药，具有解毒、止血的功效；根入药，具有祛风、活血、镇痛的功效。

长勾刺蒴麻

Triumfetta pilosa Roth

木质草本或半灌木。嫩枝被黄褐色长绒毛。叶片厚纸质，卵形或长卵形，腹面被稀疏星状绒毛，背面密被黄褐色厚星状绒毛，边缘有不整齐的齿。聚伞花序1个至数个腋生；花瓣黄色，与萼片等长；雄蕊10枚；子房被毛。蒴果具长刺，刺被毛，顶端有勾。花期夏季。

生于路边、沟谷；少见。　根和叶入药，具有活血、行气、调经等功效，可用于月经不调、腹中包块作痛、跌打损伤等。

杜英科 Elaeocarpaceae

本科有12属约550种，分布于热带亚热带地区，但未见于非洲。我国有2属53种；广西有2属29种；姑婆山有2属7种。

分属检索表

1. 花单生或数朵簇生；果为蒴果，表面密被针刺……………………………………………猴欢喜属 *Sloanea*
1. 花排成总状花序；果为核果，表面光滑或有毛………………………………………杜英属 *Elaeocarpus*

杜英属 *Elaeocarpus* L.

本属约有360种，分布于亚洲东部、东南部及西南太平洋、大洋洲。我国有39种；广西有21种；姑婆山有6种。

分种检索表

1. 叶片背面有明显的黑色腺点。
  2. 叶柄长2～6 cm…………………………………………………………………日本杜英 *E. japonicus*
  2. 叶柄长不超过2 cm…………………………………………………………………中华杜英 *E. chinensis*
1. 叶片背面无明显的黑色腺点。
  3. 叶片披针形或倒披针形……………………………………………………………………杜英 *E. decipiens*
  3. 叶片倒披针形、倒卵形或长圆形。
    4. 叶片倒卵形或倒披针形，背面无毛。
      5. 叶片长8～12 cm；雄蕊20～30枚……………………………………秃瓣杜英 *E. glabripetalus*
      5. 叶片长4～8 cm；雄蕊13～15枚……………………………………………………山杜英 *E. sylvestris*
    4. 叶片长圆形，背面被褐色绒毛……………………………………………………褐毛杜英 *E. duclouxii*

杜英

Elaeocarpus decipiens Hemsl.

常绿乔木，高5～15 m。嫩枝及顶芽初时被微毛，不久变秃净，干后变暗黑色。叶片革质，披针形或倒披针形。总状花序生于叶腋及无叶的老枝上。核果椭圆形，长2～2.5 cm，宽1.5～2 cm；内果皮坚骨质，表面有数条沟纹，1室。种子1粒，长约1.5 cm。花期6～7月，果期10～11月。

生于山坡、沟谷林下；常见。根入药，具有散瘀、消肿的功效。

秃瓣杜英

Elaeocarpus glabripetalus Merr.

乔木，高达12 m。嫩枝秃净无毛，多少有棱，干后红褐色。叶片纸质或膜质，倒披针形，边缘有小钝齿，先端尖锐，基部变窄而下延，侧脉7～8对，在背面突起，网脉疏；叶柄无毛，干后变黑色。总状花序常生于无叶的去年枝上，长5～10 cm；花序轴有微毛；花瓣5片，白色；子房2～3室，被毛。核果椭圆形，长1～1.5 cm；内果皮表面有浅沟纹。花期7月。

生于路边、沟谷；少见。

日本杜英
Elaeocarpus japonicus Sieb. et Zucc.

乔木。嫩枝秃净无毛。枝芽被发亮绢毛。叶片革质，通常卵形、椭圆形或倒卵形。总状花序生于当年枝的叶腋；花序轴有短柔毛；花两性或杂性；两性花萼片5枚，长圆形。核果椭圆形，长1～1.3 cm，宽约8 mm，1室。种子1粒，长约8 mm。花期4～5月，果期5～7月。

生于路边、山坡、沟谷林中；常见。　木材可制家具，也是培养香菇的理想木材。

猴欢喜属 *Sloanea* L.

本属约有 120 种，分布于热带亚热带地区。我国有 14 种；广西有 8 种；姑婆山有 1 种。

猴欢喜

Sloanea sinensis（Hance）Hemsl.

乔木，高20 m。嫩枝无毛。叶片薄革质，形状及大小多变，通常为长圆形或狭窄倒卵形，边缘全缘，有时上半部有数枚疏锯齿；叶柄无毛。花生于枝顶叶腋；子房被毛，卵形。蒴果大小不一。种子长1～1.3 cm，黑色；假种皮黄色。花期9～11月，果期翌年6～7月。

生于山坡密林中或林缘路边；少见。　根入药，具有健脾和胃、祛风、益肾、壮腰的功效。

梧桐科 Sterculiaceae

本科有68属约1100种，分布于热带亚热带地区，只有个别种分布于温带地区。我国有19属90种；广西有14属48种；姑婆山有3属3种。

分属检索表

1. 乔木或灌木。
   2. 花无花瓣，单性或杂性……………………………………………………梧桐属 *Firmiana*
   2. 花有花瓣，两性……………………………………………………………梭罗树属 *Reevesia*
1. 草本……………………………………………………………………………田麻属 *Corchoropsis*

梧桐属 *Firmiana* Marsili

本属有16种，分布于亚洲的热带亚热带及温带地区。我国有7种；广西有3种；姑婆山有1种。

梧桐
Firmiana simplex（L.）W. Wight

落叶乔木。树皮青绿色，平滑。叶片心形，掌状3～5裂，基部心形，基出脉7条；叶柄与叶片等长。圆锥花序顶生；花淡黄绿色；萼5深裂几至基部，萼片条形，向外卷曲；雄花的雌雄蕊柄与萼等长，下半部较粗，花药15枚，不规则地聚集在雌雄蕊柄的顶端，退化子房梨形且小；雌花的子房圆球形。蓇葖果膜质，熟前开裂成叶状。花期6月。

生于山坡疏林中；少见。 常栽培于庭园作观赏树木；木材轻软，可作制木匣和乐器的用材；叶入药，具有镇静、降血压、祛风、解毒的功效。

梭罗树属 *Reevesia* Lindl.

本属约有25种，主要分布于中国南部、西南部和喜马拉雅山东部地区。我国有15种；广西有10种；姑婆山有1种。

两广梭罗 复序利未花、油在麻
Reevesia thyrsoidea Lindl.

常绿乔木。树皮灰褐色；幼枝干时棕黑色，略被稀疏的星状短柔毛。叶片革质，椭圆形、长圆形或长圆状椭圆形。聚伞状伞房花序顶生；花密集；萼钟状，外面被星状短柔毛；花瓣白色，匙形。蒴果长圆状梨形。花期3～4月，果期9～10月。

生于林缘路边、山坡密林中；少见。 种子含油33.1%，可提取供工业用；皮纤维丰富而强韧，可制绳、织袋或造纸。

田麻属 *Corchoropsis* Sieb. et Zucc.

本属1种，分布于亚洲东部。姑婆山也有。

田麻
Corchoropsis crenata Sieb. et Zucc.

一年生草本，高40～60 cm。分枝有星状短柔毛。叶片卵形或狭卵形，边缘有钝齿，两面均密被星状短柔毛，基出脉3条。花有细梗，单生于叶腋；花瓣5片，黄色。蒴果角状圆柱形，长1.7～3 cm，有星状柔毛。果期秋季。

生于路边草地；少见。　全草入药，具有平肝利湿、解毒、止血的功效。

锦葵科 Malvaceae

本科有100属约1000种，分布于热带至温带地区。我国有19属约81种；广西有12属51种；姑婆山有5属9种，其中1属3种为栽培种。

分属检索表

1. 子房每室具1颗胚珠，上举或悬垂……………………………………………………………………**黄花稔属** *Sida*
1. 每室有胚珠2颗或更多，常上举或部分悬垂、部分上举。
   2. 半灌木，高1 m以下；花较小，直径小于1.5 cm……………………………………**梵天花属** *Urena*
   2. 灌木，高1.5 m以上；花较大，直径大于3 cm。
      3. 花萼钟形、杯形，整齐5裂或5齿，宿存…………………………………………**木槿属** *Hibiscus*
      3. 花萼佛焰苞状，花后沿一侧开裂而早落……………………………………**秋葵属** *Abelmoschus*

秋葵属 *Abelmoschus* Medik.

本属有15种，分布于东半球热带亚热带地区。我国包括栽培种共有6种；广西有5种；姑婆山有1种。

黄葵

Abelmoschus moschatus Medik.

一年生或二年生草本。全株被粗毛。叶片通常掌状5～7深裂，边缘具不规则的齿，偶有浅裂似槭叶状，基部心形，两面均疏被硬毛。花单生于叶腋间；小苞片8～10枚，线形；花萼佛焰苞状，5裂，常早落；花黄色，内面基部暗紫色；雄蕊柱平滑无毛；花柱分支5枚，柱头盘状。蒴果长圆形，被黄色长硬毛。花期6～10月。

生于林缘；少见。 根、叶、花入药，具有清热利湿、拔毒排脓的功效。

木槿属 *Hibiscus* L.

本属约有200种，分布于热带亚热带地区。我国有25种；广西有15种；姑婆山有3种，其中野生种仅1种。

木芙蓉
Hibiscus mutabilis L.

落叶灌木或小乔木，高2～5 m。小枝、叶柄、花梗和花萼均密被星状毛与直毛相混的细绵毛。叶片宽卵形至圆卵形或心形，常5～7裂，裂片三角形；叶柄长5～20 cm。花单生于枝端叶腋，初开时白色或淡红色，后变深红色。蒴果扁球形，直径约2.5 cm。花期8～10月。

生于沟谷密林中；常见。　花大色丽，可作园林观赏植物；花、叶入药，具有清肺、凉血、散热和解毒的功效。

黄花稔属 *Sida* L.

本属有100～150种，分布于全球。我国有14种；广西有9种1变种；姑婆山有1种。

白背黄花稔

Sida rhombifolia L.

直立半灌木。分枝多；枝被星状绵毛。叶片菱形或长圆状披针形，先端浑圆至短尖，基部宽楔形，边缘具齿，腹面疏被星状柔毛至近无毛，背面被灰白色星状柔毛；叶柄被星状柔毛。花单生于叶腋；花梗密被星状柔毛，中部以上有节；花黄色。果半球形，分果爿8～10个，被星状柔毛，顶端具2枚短芒。花果期秋冬季。

生于山坡灌草丛、旷野和沟谷两岸；常见。　全草入药，具有消炎解毒、祛风除湿、止痛的功效。

梵天花属 *Urena* L.

本属约有6种，分布于热带亚热带地区。我国有3种；广西3种均产；姑婆山有2种1变种。

分种检索表

1. 叶片长1.5～6 cm，掌状3～5 深裂，中央裂片倒卵形或近菱形……………………梵天花 *U. procumbens*
1. 叶片长4～7 cm，通常掌状3～5浅裂，中央裂片三角形或宽三角形。
  2. 茎下部叶近圆形而浅裂，背面被灰白色星状绒毛……………………………………地桃花 *U. lobata*
  2. 茎下部叶卵形而浅裂，背面密被粗短星状绒毛和绵毛…………粗叶地桃花 *U. lobata* var. *glauca*

梵天花 狗脚迹
Urena procumbens L.

小灌木。小枝被星状绒毛。下部生的叶轮廓为掌状3～5深裂，裂口深达中部以下，裂片近菱形或倒卵形，呈葫芦状，基部圆形至近心形，边缘具齿，两面均被星状短硬毛；叶柄被绒毛。花单生或近簇生，花梗长2～3 mm；小苞片基部1/3处合生，疏被星状毛；花冠淡红色，花瓣长1～1.5 cm；雄蕊柱无毛，与花瓣等长。果球形，具刺和长硬毛，刺端有倒钩，种子平滑无毛。花期6～9月。生于山坡或林缘灌丛中；常见。 全草入药，具有祛风解毒的功效；根入药，具有健脾利湿、化瘀活血的功效。

地桃花 肖梵天花

Urena lobata L.

直立半灌木状草本。小枝被星状绒毛。茎下部叶近圆形，先端3浅裂，基部圆形或近心形，边缘具齿；中部叶卵形；上部叶长圆形至披针形。花腋生，单生或稍簇生，淡红色；花瓣5片，倒卵形，外面被星状柔毛。果扁球形，分果爿被星状短柔毛和锚状刺。花期7～10月。

生于山坡疏林中、路边；常见。 根、叶入药，具有祛风利湿、清热解毒的功效；茎皮纤维可供织麻布、渔网、麻袋和造纸等用；种子含油率30.8%，可榨油供制皂、润滑油等用。

粗叶地桃花

Urena lobata var. *glauca*（Blume）Borss. Waalk.

直立半灌木状草本。小枝被星状绒毛。茎下部叶卵形，先端3浅裂，基部圆形或近心形，边缘具齿；中部叶卵形；上部叶长圆形至披针形。花腋生，单生或稍簇生，淡红色；花瓣5片，倒卵形，外面被星状柔毛。果扁球形，分果爿被星状短柔毛和锚状刺。花期7～10月。

生于山坡、路边、沟谷；常见。　种子含油量高，可榨油供制皂、润滑油等用；根入药，具有解毒、活血、祛瘀的功效。

中文名索引

B

C

D

E

F

G

H

J

K

L

M

N

P

Q

R

S

Z

拉丁名索引

A

B

C

D

E

F

G

H

I

K

L

M

N

O

P

R

S

T

U

V

W

Z